高职高专机械设计与制造专业规划教材

机械制图习题集
(第 2 版)

张 荣 主编
蒋真真 毛 银 副主编

清华大学出版社
北京

内 容 简 介

本习题集以培养学生综合职业能力为中心，以职业岗位所需的知识、能力、素质结构为依据，以看图、画图能力的培养为编写主线，着重突出对学生职业能力的训练，并采用最新的制图标准。

本习题集与清华大学出版社张荣主编的《机械制图(第 2 版)》教材配套使用，内容的编排顺序与教材的体系完全一致，共设置 7 个工作项目，分别为画机用吊钩平面图形、画机用楔铁三视图、画轴承座三视图、画支承座视图、机械常用标准件的画法、画球阀阀体零件图和画球阀装配图。

本习题集可作为高职高专院校机械类专业的教材，也可供从事机电技术等近机类的专业人员参考。

本书封面贴有清华大学出版社防伪标签，无标签者不得销售。
版权所有，侵权必究。举报: 010-62782989, beiqinquan@tup.tsinghua.edu.cn。

图书在版编目(CIP)数据

机械制图习题集/张荣主编. —2 版. —北京: 清华大学出版社, 2018（2025.3 重印）
(高职高专机械设计与制造专业规划教材)
ISBN 978-7-302-50614-0

Ⅰ. ①机… Ⅱ. ①张… Ⅲ. ①机械制图—高等职业教育—习题集 Ⅳ. ①TH126-44

中国版本图书馆 CIP 数据核字(2018)第 151312 号

责任编辑: 陈冬梅　杨作梅
封面设计: 王红强
责任校对: 王明明
责任印制: 宋　林

出版发行: 清华大学出版社
　　网　　址: https://www.tup.com.cn, https://www.wqxuetang.com
　　地　　址: 北京清华大学学研大厦 A 座　　邮　编: 100084
　　社 总 机: 010-83470000　　邮　购: 010-62786544
　　投稿与读者服务: 010-62776969, c-service@tup.tsinghua.edu.cn
　　质量反馈: 010-62772015, zhiliang@tup.tsinghua.edu.cn
　　课件下载: https://www.tup.com.cn, 010-62791865
印 装 者: 涿州市毂润文化传播有限公司
经　　销: 全国新华书店
开　　本: 260mm×185mm　　印　张: 10　　字　数: 115 千字
版　　次: 2013 年 8 月第 1 版　2018 年 9 月第 2 版　印　次: 2025 年 3 月第 6 次印刷
印　　数: 4101～4900
定　　价: 35.00 元

产品编号: 078078-01

前　言

本书根据机械设计与制造等机械大类专业岗位能力和专业课程需求，以工作任务为中心组织课程内容，让学生在完成具体项目的过程中学会完成相应的工作任务，并构建相关理论知识，发展职业能力。课程内容突出对学生职业能力的训练，注重教学内容的针对性、应用性、实用性和技能性，实现了知识内容与技能目标的相对统一和完善。本书融合相关职业资格证书对知识和技能的要求，突出了高职高专教育的特色。

本书有以下特点：

(1) 本书贯彻执行最新的《机械制图》和《技术制图》国家标准。

(2) 本书整体结构与内容以培养职业能力为目标，着重提高学生的岗位技能，实现了知识内容与技能目标的相对统一和完善，并且教学内容适量和实用。

(3) 本书内容充实，题型多、角度新、知识面涵盖广，且技能训练方面有一定的余量，为教师选择及学生训练提供了方便。

本书由大连职业技术学院教师共同编写，张荣任主编并负责全书统稿，蒋真真、毛银任副主编。全书共设置 7 个工作项目，其中，张荣编写项目 1，蒋真真编写项目 2、4、5，毛银编写项目 3、6、7。

在本书的编写过程中，得到了大连职业技术学院机械工程学院全体老师的大力支持，在此一并表示感谢。

由于编者水平有限，书中难免有不足和疏漏之处，望广大读者批评指正。

编　者

目 录

项目 1　画机用吊钩平面图形 1

项目 2　画机用楔铁三视图 15

项目 3　画轴承座三视图 35

项目 4　画支承座视图 72

项目 5　机械常用标准件的画法 104

项目 6　画球阀阀体零件图 119

项目 7　画球阀装配图 147

项目 1　画机用吊钩平面图形　　班级：　　姓名：　　学号：　　审核：　1

1.1　字体书写练习。

制 图 设 计 形 状 位 置 公 差 质 量

机 械 序 号 比 例 齿 轮 材 料 螺 母

0123456789

ABCDEFGHIJKLMN
OPQRSTUVWXYZ

| 项目1 | 画机用吊钩平面图形 | 班级: | 姓名: | 学号: | 审核: | 2 |

1.1 字体书写练习。

箱 体 座 齿 轮 蜗 杆 螺 母 钉 键 销 滚 动 轴 承 支 架 弹 簧 油 泵 球 阀 钢

锥 斜 度 技 术 要 求 拉 钩 工 作 原 理 序 号 名 称 材 料 件 数 备 注 代 号

abcdefghijklmnopqrstuvwxyz   abcdefghijklmnopqrstuvwxyz

| 项目 1　画机用吊钩平面图形 | 班级: | 姓名: | 学号: | 审核: | 3 |

1.2　线型练习。

1. 完成多种图线的图形。

2. 完成左右对称的图形。

| 项目 1　画机用吊钩平面图形 | 班级： | 姓名： | 学号： | 审核： | 4 |

1.3　标注图中的尺寸，尺寸数字从图中量取整数。

1.

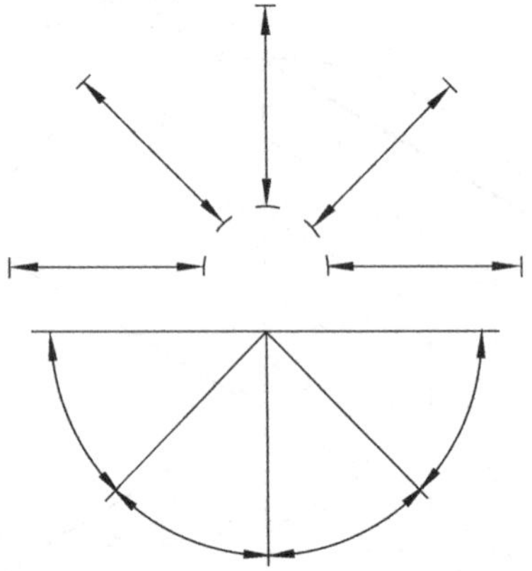

2.

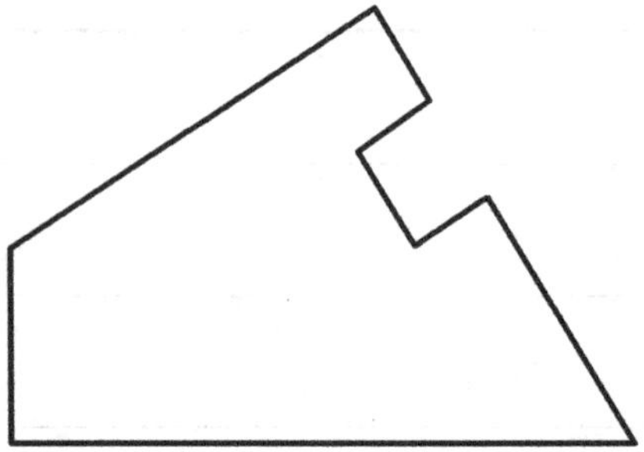

3.

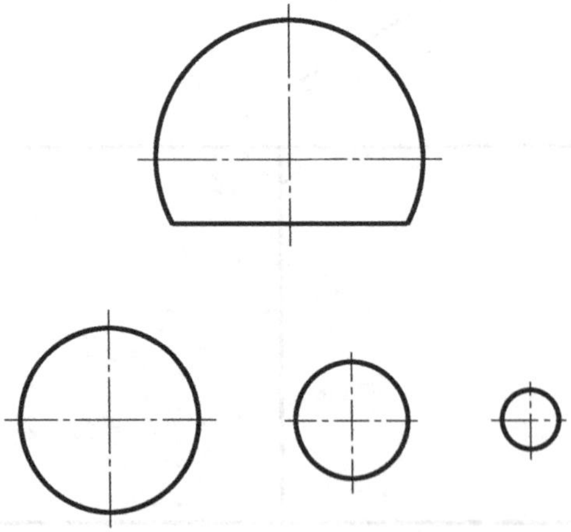

4.

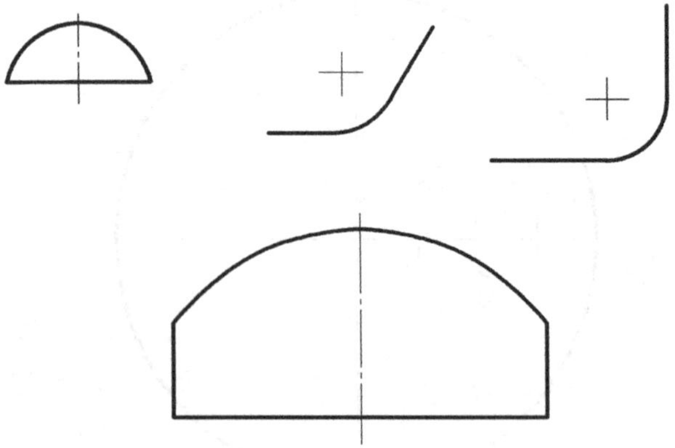

项目1 画机用吊钩平面图形   班级：   姓名：   学号：   审核：   5

1.4 在图中填写未注的尺寸数字和补画遗漏的尺寸箭头，尺寸数字按1∶1的比例从图中量取整数。

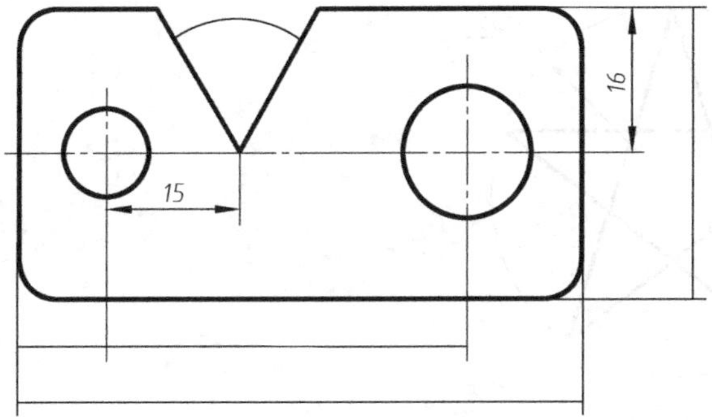

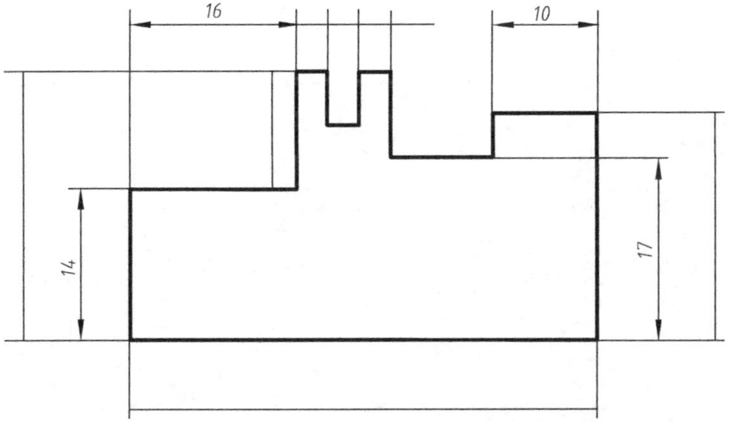

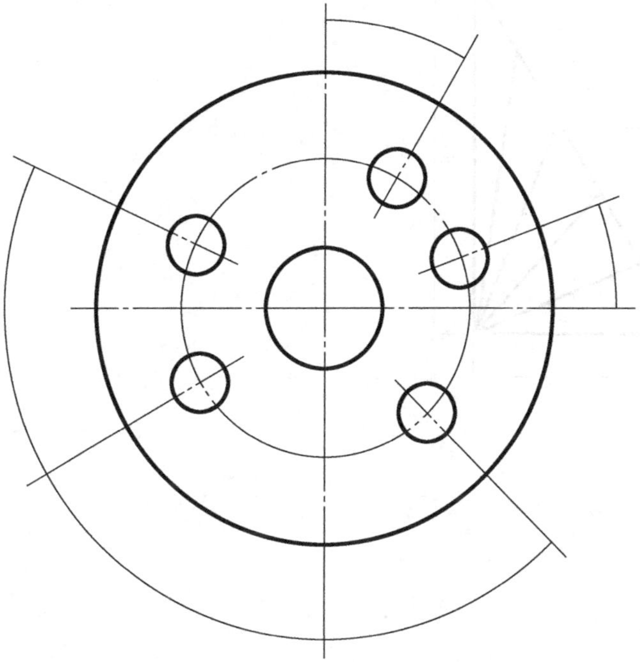

| 项目 1　画机用吊钩平面图形 | 班级： | 姓名： | 学号： | 审核： | 6 |

1.5　等分线段及圆周练习：按 1∶1 作出下列图形。

1.

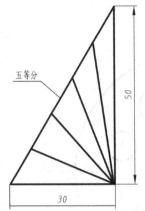

2.

项目 1　画机用吊钩平面图形　　班级：　　姓名：　　学号：　　审核：

1.6　按给定尺寸完成下列圆弧连接。

1.

2.

项目 1　画机用吊钩平面图形　　班级：　　姓名：　　学号：　　审核：　　8

1.6　按给定尺寸完成下列圆弧连接。

3.

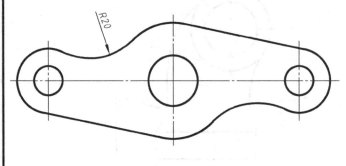

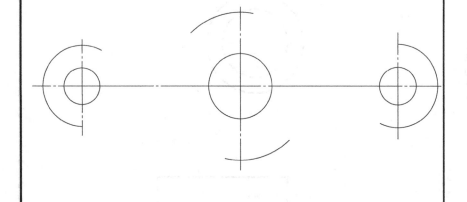

4.

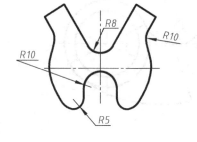

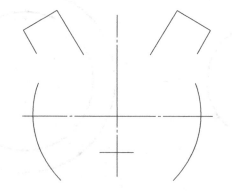

| 项目 1　画机用吊钩平面图形 | 班级： | 姓名： | 学号： | 审核： | 9 |

1.7　按给定尺寸 1∶1 作图。

1.

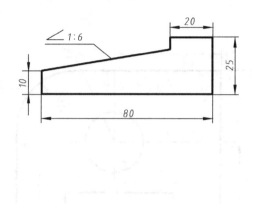

2.

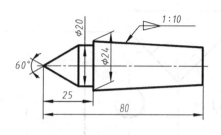

项目1　画机用吊钩平面图形　　班级：　　姓名：　　学号：　　审核：

1.8　分析下列图形两个方向的尺寸基准，并指出哪些是定形尺寸？哪些是定位尺寸？

1.
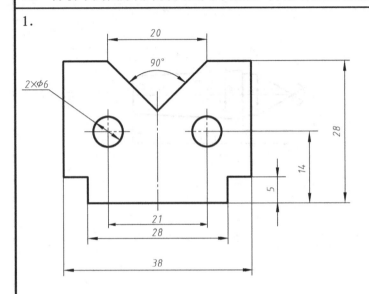

长度方向基准：

高度方向基准：

定形尺寸：

定位尺寸：

2.
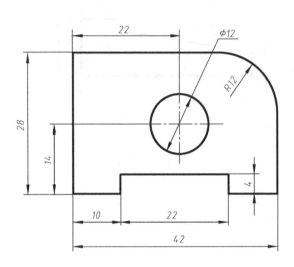

长度方向基准：

高度方向基准：

定形尺寸：

定位尺寸：

| 项目1 画机用吊钩平面图形 | 班级： | 姓名： | 学号： | 审核： | 11 |

1.9 分析图中的尺寸基准及定形、定位尺寸，确定线段性质及作图顺序，并按1∶1作图。

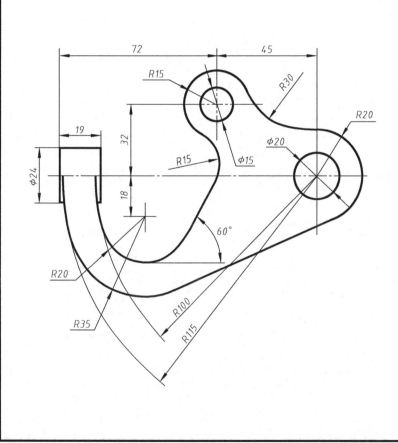

项目1　画机用吊钩平面图形　　班级：　　姓名：　　学号：　　审核：　　12

1.9　分析图中的尺寸基准及定形、定位尺寸，确定线段性质及作图顺序，并按1：1作图。

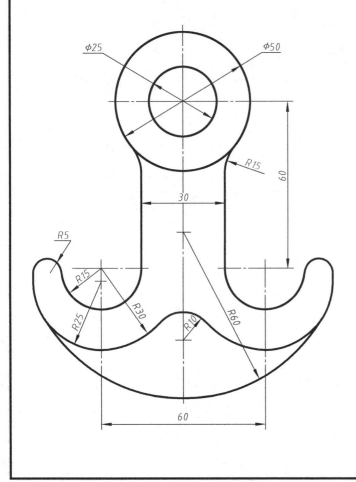

项目 1　画机用吊钩平面图形　　班级：　　姓名：　　学号：　　审核：　13

1.10　尺规图训练。

平　面　图　形

1. 训练目的

应尽快熟悉国家标准，掌握绘图仪器和工具的使用方法。掌握圆弧连接的作图方法。

学习对平面图形的尺寸分析，熟悉 GB/T 4458.4—2003《机械制图 尺寸注法》的有关规定。

2. 训练内容与要求

按给定的尺寸，用 1∶1 的比例在 A4 幅面上画右面所示的图形，并标注尺寸。

3. 指导提示

(1) 用 A4 幅面图纸，横放或竖放，画图框和标题栏，并填写标题栏。

(2) 作图方法、步骤见教材。

(3) 布图时应留足标注尺寸的位置，使图形布置匀称。

(4) 画底稿的连接线段时，应准确找出圆心和切点。

(5) 描深时，同类线型同时描深，使其粗细一致，连接光滑；箭头应符合规定，尺寸注法应正确、完整。

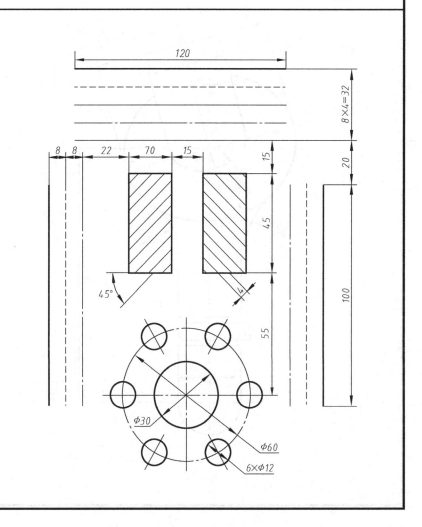

| 项目 1　画机用吊钩平面图形 | 班级： | 姓名： | 学号： | 审核： | 14 |

1.10　尺规图训练。

项目 2　画机用楔铁三视图　　班级：　　姓名：　　学号：　　审核：　1

2.1　分析三视图的形成过程，并填空说明三视图之间的关系。

投影方向与视图名称的关系

由＿＿＿向＿＿＿投影所得的视图，称为＿＿＿＿＿；

由＿＿＿向＿＿＿投影所得的视图，称为＿＿＿＿＿；

由＿＿＿向＿＿＿投影所得的视图，称为＿＿＿＿＿。

视图间的三等关系

主、俯视图＿＿＿＿＿＿＿＿＿；

主、左视图＿＿＿＿＿＿＿＿＿；

俯、左视图＿＿＿＿＿＿＿＿。

视图与物体间的方位关系

主视图反映物体的＿＿＿＿和＿＿＿＿；
俯视图反映物体的＿＿＿＿和＿＿＿＿；
左视图反映物体的＿＿＿＿和＿＿＿＿。

俯、左视图中，远离主视图的一边，表示物体的＿＿＿面；
靠近主视图的一边，表示物体的＿＿＿面。

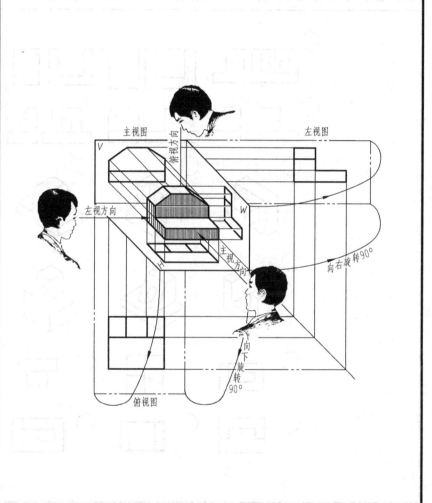

项目2　画机用楔铁三视图

2.2　选择互相对应的主左视图、轴测图、俯视图并编排同样的序号填入相应图的左上角圆圈内。

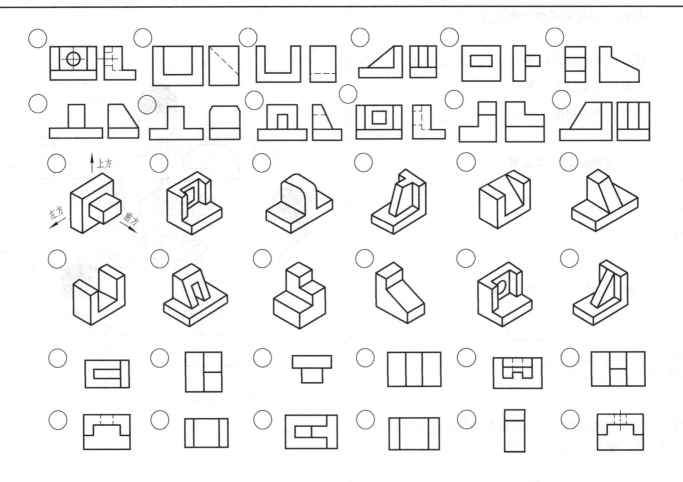

项目 2　画机用楔铁三视图　　班级：　　姓名：　　学号：　　审核：　　3

2.3　找出与立体图相对应的物体的三视图，并在括号中填写序号。

| 项目 2 画机用楔铁三视图 | 班级： | 姓名： | 学号： | 审核： | 4 |

2.4 根据轴测图，补画三视图中所缺的图线。

1.

2.

3.

4.

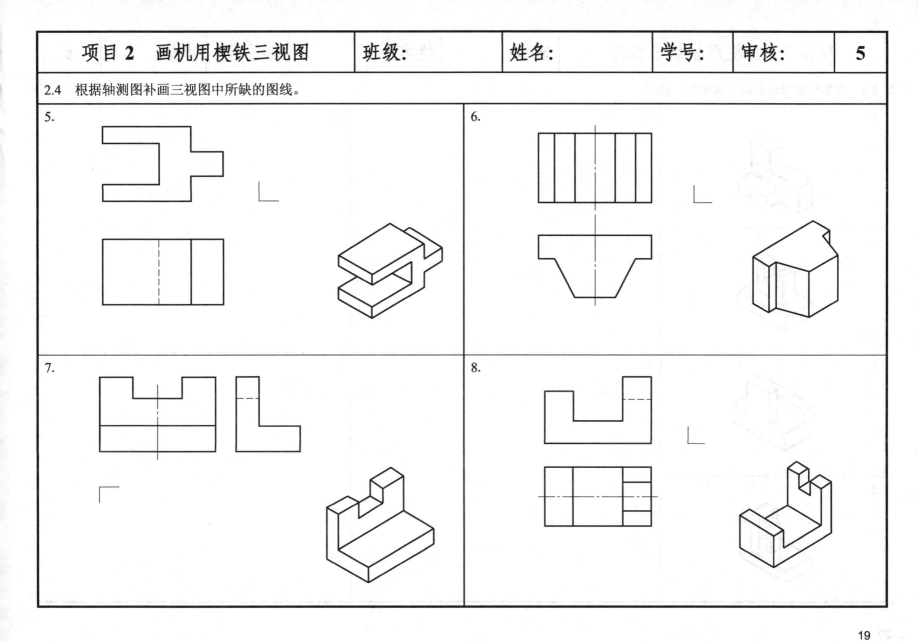

| 项目 2　画机用楔铁三视图 | 班级： | 姓名： | 学号： | 审核： | 6 |

2.5　根据轴测图画出该立体图的三视图。

1.

2.

3.

4.

| 项目 2　画机用楔铁三视图 | 班级： | 姓名： | 学号： | 审核： | 7 |

2.6　点的投影。

1. 已知 B 点到 V 面距离是 20mm，求作 B 点的另两面投影。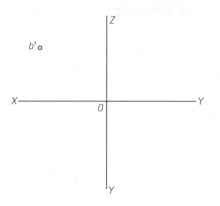	2. 已知点 C、D 的一面投影，又知 C 点在 H 面上，D 点到 W 面距离为 20mm，求作点 C、D 的另两面投影。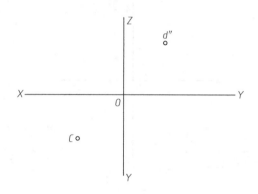
3. 已知 A 点到 H 面距离是 25mm，到 V 面距离是 10mm，到 W 面距离是 20mm，试作出 A 点的三面投影图。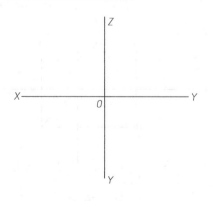	4. 已知点 B(15,20,17)、C(20,10,15)，求点 B、C 的三面投影。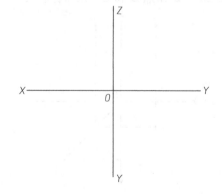

| 项目 2　画机用楔铁三视图 | 班级： | 姓名： | 学号： | 审核： | 8 |

2.6　点的投影。

5. 已知点 A(15,20,25)，点 D 在点 A 下方 5mm、左方 10mm、前方 8mm，试作出点 A、D 的三面投影图。

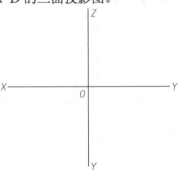

6. 已知点 A、B 的一面投影，又知点 A 在 V 面上，点 B 距 H 面 17mm，求作点 A、B 的另两面投影。

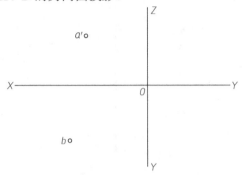

7. 已知点 B 在点 A 左方 15mm、下方 10mm、前方 10mm，点 C 在点 A 的正前方 12mm，试作点 B 和 C 的三面投影。

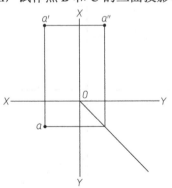

8. 已知点 B 在点 A 的左方 15mm、下方 5mm、前方 10mm，求作点 B 的三面投影，并说明两点的相对位置。

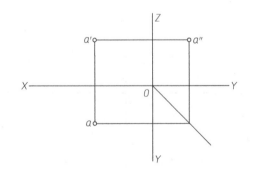

点 A 在点 B 的＿＿＿、＿＿＿、＿＿＿方。

| 项目 2　画机用楔铁三视图 | 班级： | 姓名： | 学号： | 审核： | 9 |

2.7　直线的投影。

1. 已知直线上两端点 A(30,25,6)、B(6,5,25)，作出该直线的三面投影图。

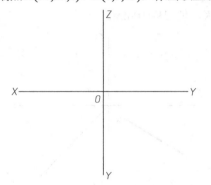

2. 已知直线 AB 的两面投影，求 AB 的侧面投影。

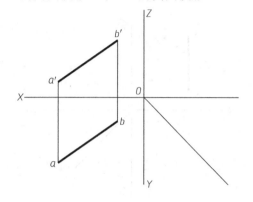

3. 已知 B 点距 H 面 20mm，求 AB 的正面投影。

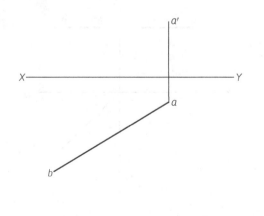

4. 作出直线及点的侧面投影图。

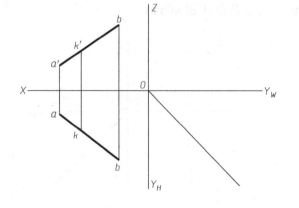

项目 2　画机用楔铁三视图　班级：　姓名：　学号：　审核：　10

2.7　直线的投影。

5. 已知 CD 为一铅垂线，它到 V 面及 W 面的距离相等，求作它的其余两个投影。

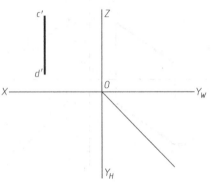

6. 已知水平线 AB 在 H 面上方 20mm，求作它的其余两面投影，并在该直线上取一点 K，使 AK=10mm。

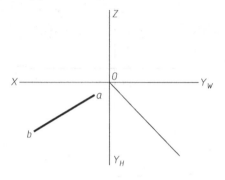

7. 求侧垂线 EF 的三面投影，已知 EF 长 30mm，距 V 面 15mm，距 H 面 20mm，端点 E 距 W 面 40mm。

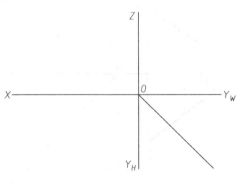

8. 作直线 AB 的 H 面投影，并标出它的实长。

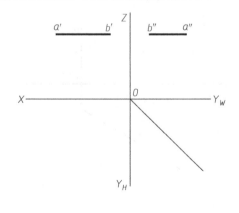

项目 2　画机用楔铁三视图　　班级：　　姓名：　　学号：　　审核：　11

2.8　直线的投影：在投影图上注全各点的三面投影符号，并填空。

1.

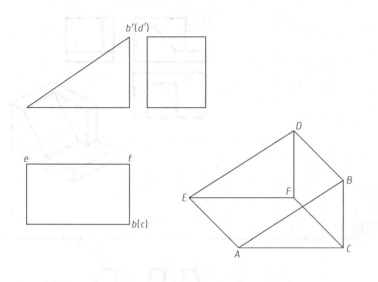

AB 是_____线、BC 是_____线

AC 是_____线、CF 是_____线

ABC 是_____面、DEF 是_____面

ABDE 是_____面、ACFE 是_____面

BDFC 是_____面

2.

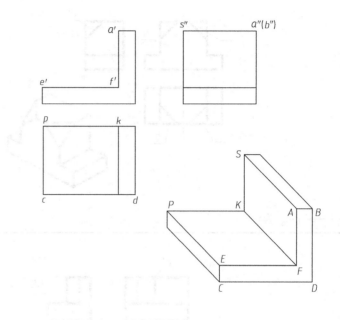

AB 是_____线、BD 是_____线

CD 是_____线、AS 是_____线

AFKS 是_____面、EFKP 是_____面

ABDCEF 是_____面

| 项目 2 | 画机用楔铁三视图 | 班级: | 姓名: | 学号: | 审核: | 12 |

2.9 在轴测图上标出各平面的位置(用相应的大写字母),并在投影图上标出指定平面的其他两个投影。

1.

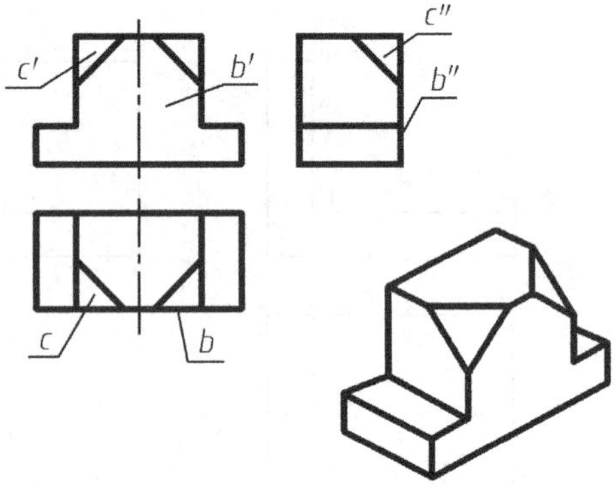

B 面是_____
C 面是_____

2.

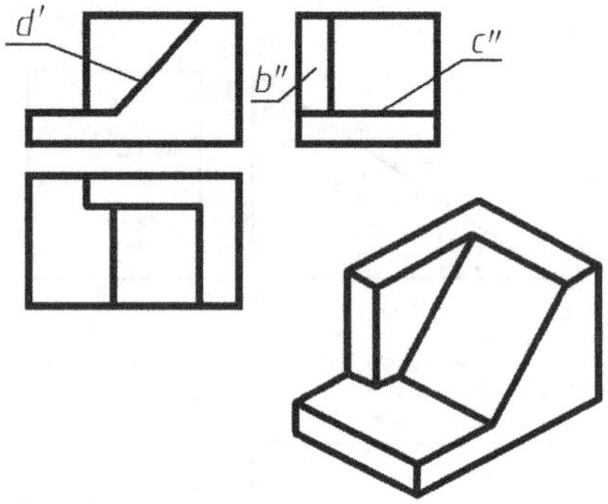

B 面是_____
C 面是_____
D 面是_____

3.

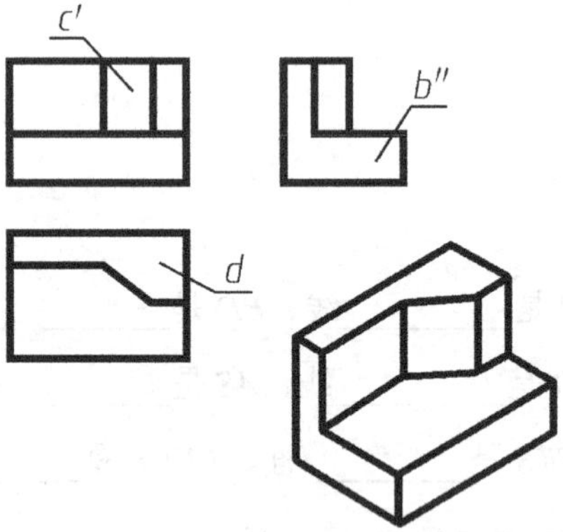

B 面是_____
C 面是_____
D 面是_____

4.

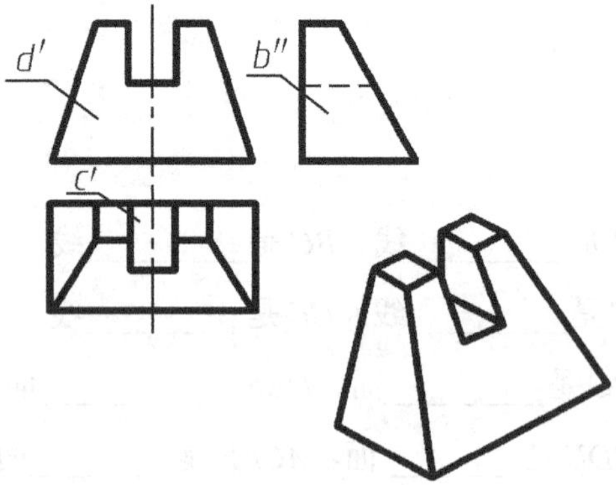

B 面是_____
C 面是_____
D 面是_____

项目 2　画机用楔铁三视图　班级：　姓名：　学号：　审核：　13

2.10　平面的投影。

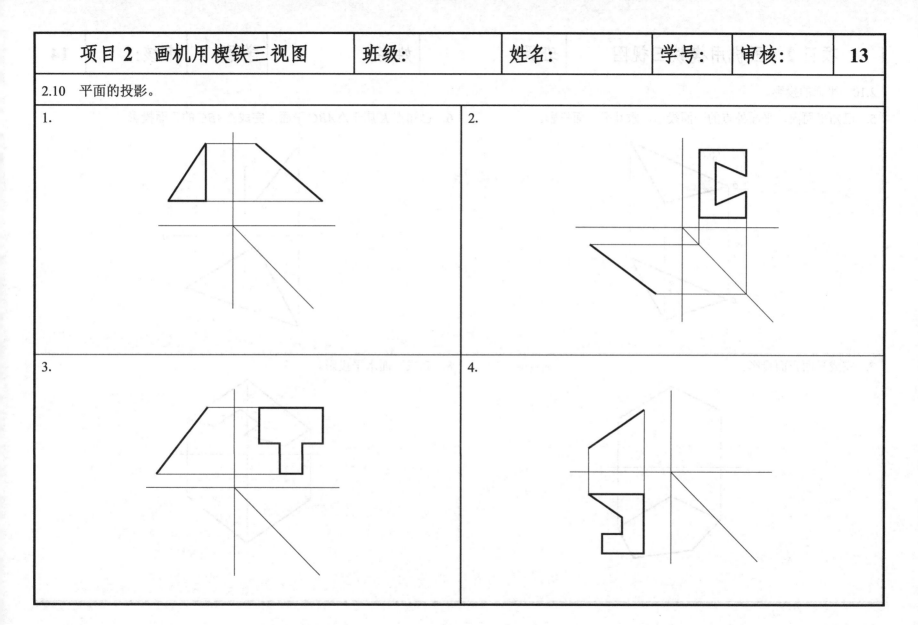

项目 2　画机用楔铁三视图　班级：　姓名：　学号：　审核：　14

2.10　平面的投影。

5. 已知平面内、平面外点的一面投影，求其另一面投影。

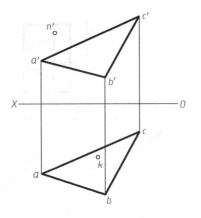

6. 已知点 K 属于△ABC 平面，完成△ABC 的正面投影。

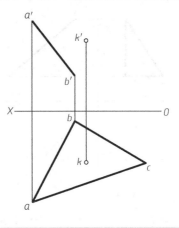

7. 完成平面正面投影。

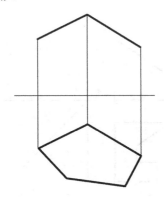

8. 完成平面水平投影。

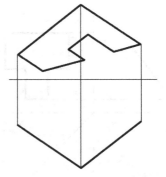

项目 2　画机用楔铁三视图　班级：　姓名：　学号：　审核：　15

2.11　画出立体的第三面视图，并求作立体表面上各点的其余两面投影。

1.

2.

3.

4.

| 项目 2 | 画机用楔铁三视图 | 班级: | 姓名: | 学号: | 审核: | 16 |

2.11 画出立体的第三面视图，并求作立体表面上各点的其余两面投影。

5.

6.

7.

8.

项目 2　画机用楔铁三视图　　班级：　　姓名：　　学号：　　审核：　17

2.11 画出立体的第三面视图，并求作立体表面上各点的其余两面投影。

9.

10.

11.

12.

| 项目 2　画机用楔铁三视图 | 班级： | 姓名： | 学号： | 审核： | 18 |

2.12　按 1∶1 比例画出回转体的三视图。

1．底圆直径为 φ25mm，长度为 35mm，轴线是侧垂线的圆柱。	2．底圆直径为 φ25mm，高度为 30mm，底圆为正平面的圆锥。
3．底圆直径为 φ30mm，顶圆直径为 φ20mm，高度为 20mm，轴线是正垂线的圆台。	4．SR15mm 的半球，底面是侧平面。

项目 2　画机用楔铁三视图　　班级:　　姓名:　　学号:　　审核:　　19

2.13　标注尺寸。

1.

2.

3.

4.

| 项目 2　画机用楔铁三视图 | 班级： | 姓名： | 学号： | 审核： | 20 |

2.13　标注尺寸。

5.

6.

7.

8.

项目3　画轴承座三视图　　班级：　　姓名：　　学号：　　审核：　　1

3.1　分析下面各组视图，选出投影关系正确的视图。

1.

(a)　(b)　(c)　(d)　(e)

2.

(a)　(b)　(c)　(d)　(e)

3.

(a)　(b)　(c)　(d)　(e)

项目 3　画轴承座三视图

3.2　补画三视图中所缺的图线。

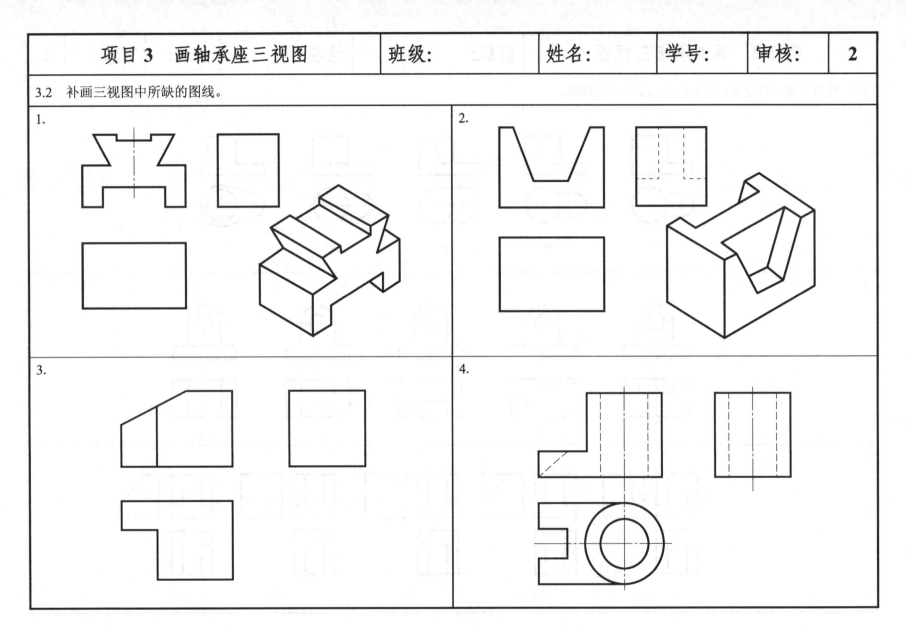

项目 3　画轴承座三视图　　班级:　　姓名:　　学号:　　审核:　　3

3.3　根据两视图补画第三视图。

1.

2.

3.

4.

项目 3 画轴承座三视图

3.4 根据两视图选择正确的第三视图。

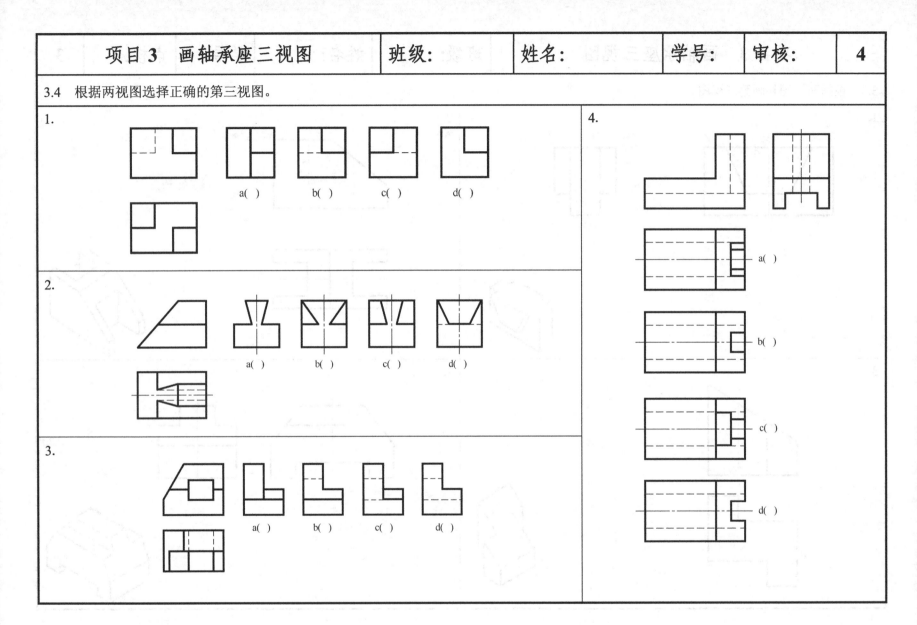

项目 3　画轴承座三视图　　班级：　　姓名：　　学号：　　审核：　5

3.5　根据两视图，补画第三视图。

1.

2.

3.

4.

项目 3　画轴承座三视图　班级:　姓名:　学号:　审核:　6

3.5 根据两视图，补画第三视图。

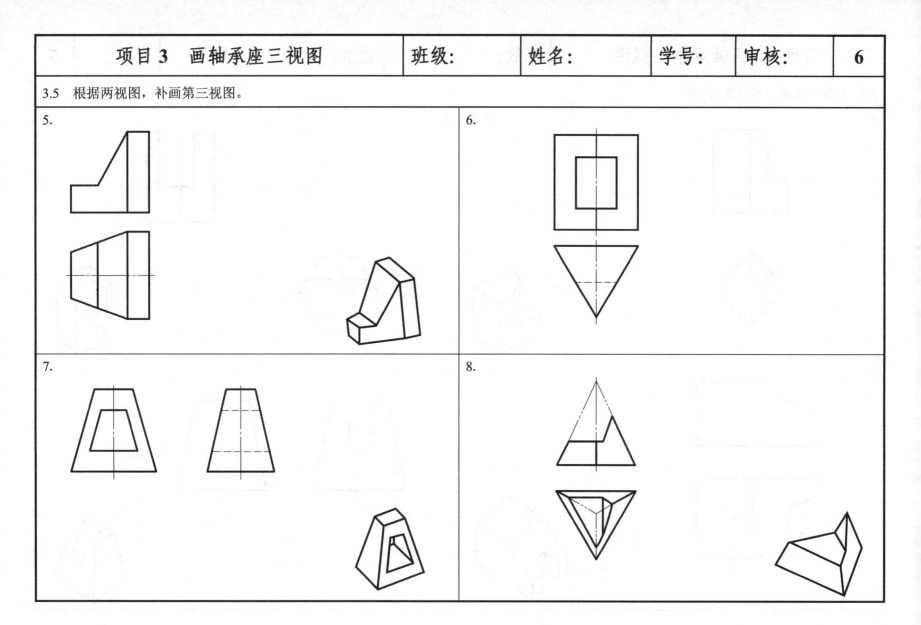

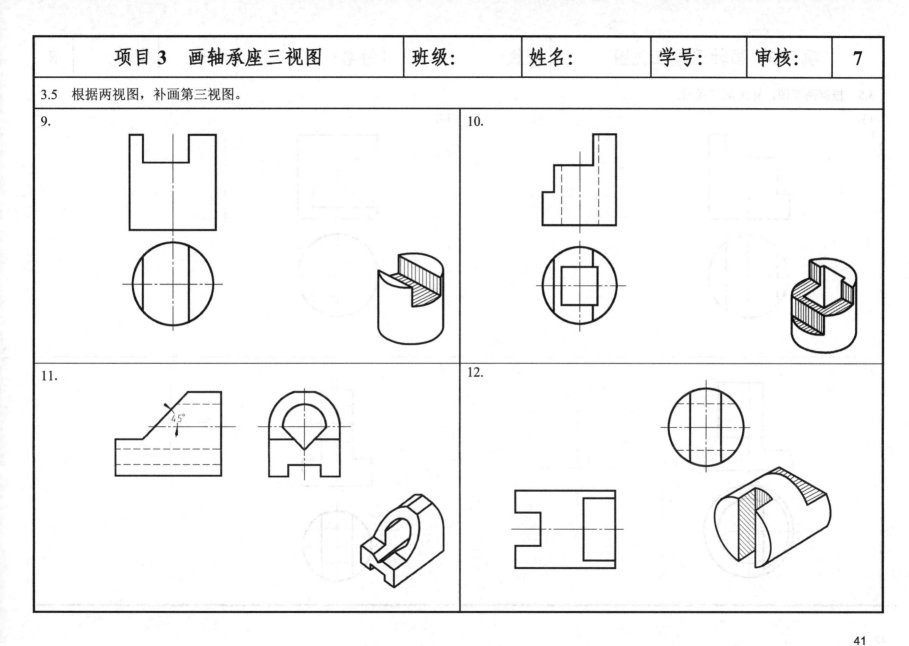

| 项目 3　画轴承座三视图 | 班级： | 姓名： | 学号： | 审核： | **8** |

3.5　根据两视图，补画第三视图。

13.

14.

15.

16.

项目 3　画轴承座三视图　　班级:　　姓名:　　学号:　　审核:　　9

3.6 补画三视图中所缺的图线。

1.

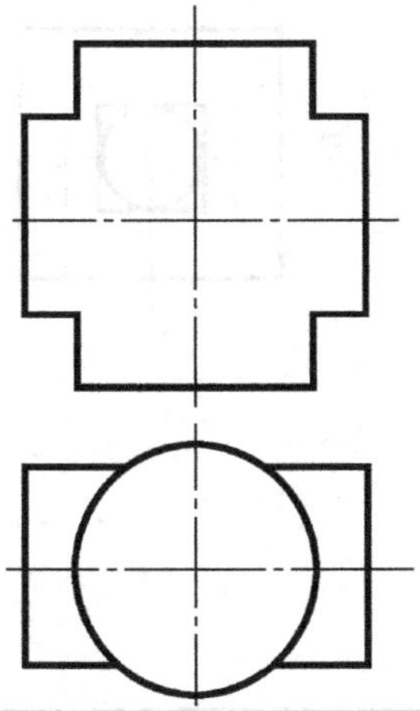

2.

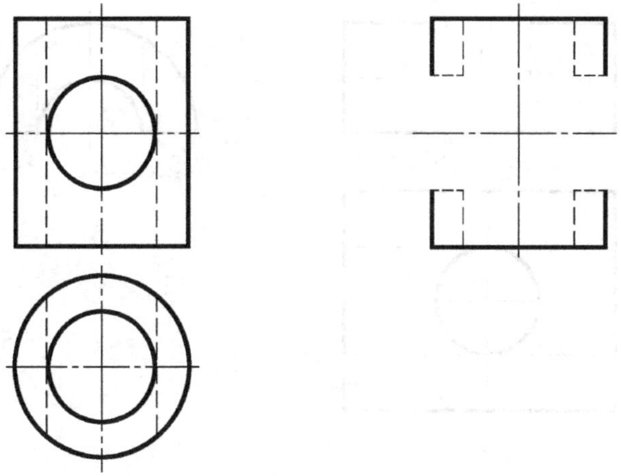

3.

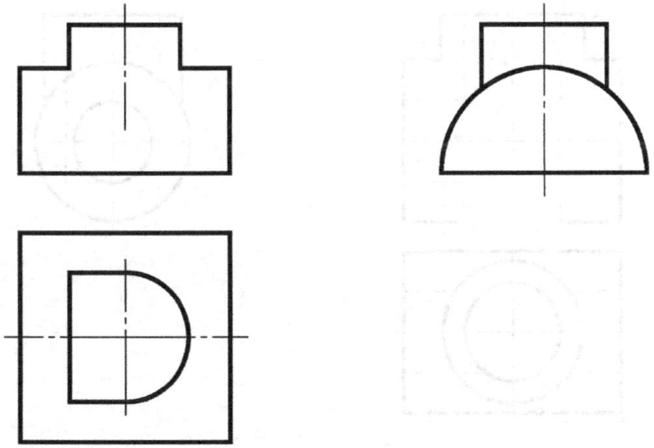

4.

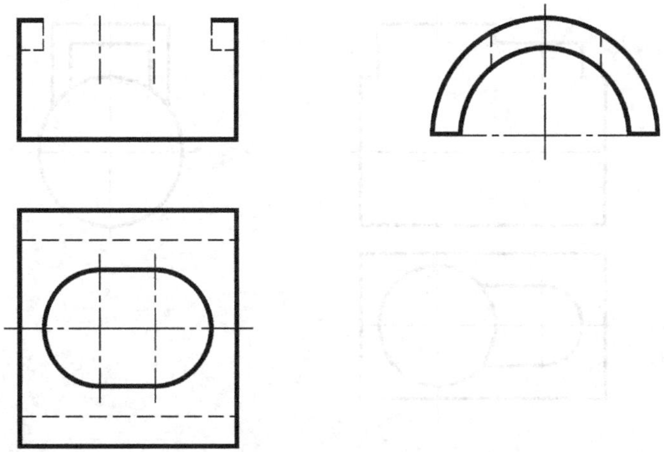

| 项目 3　画轴承座三视图 | 班级： | 姓名： | 学号： | 审核： | 10 |

3.6　补画三视图中所缺的图线。

5.

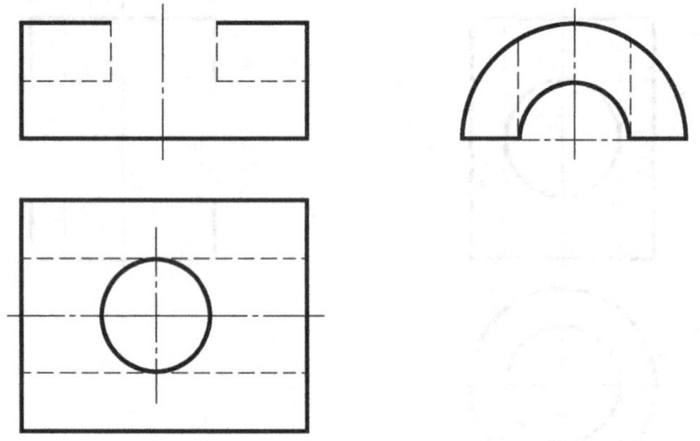

6.

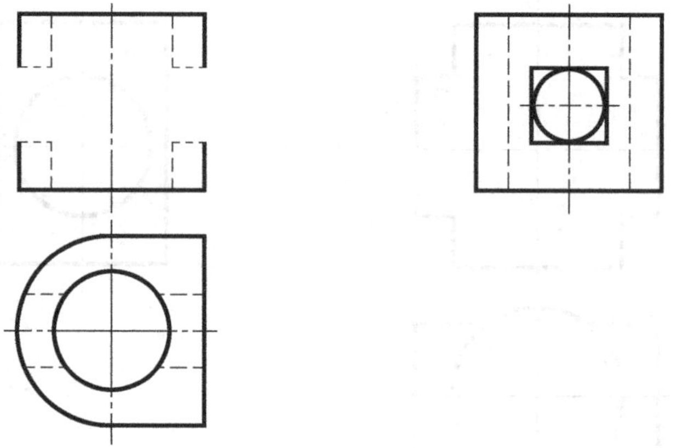

7.

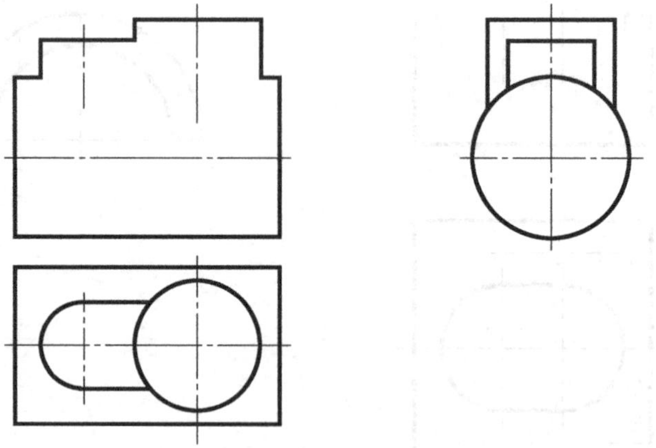

8.

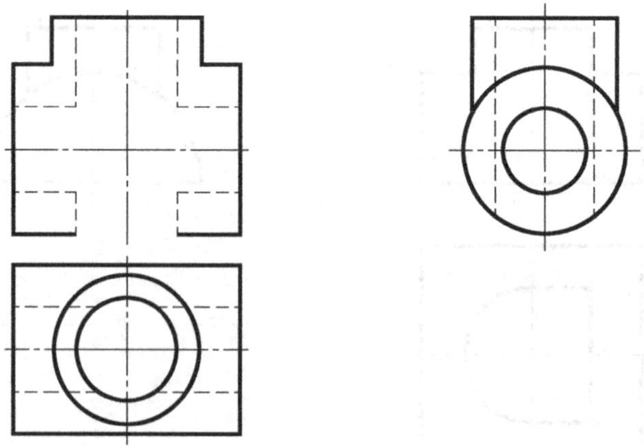

项目 3　画轴承座三视图　　班级：　　姓名：　　学号：　　审核：　　11

3.6　补画三视图中所缺的图线。

9.

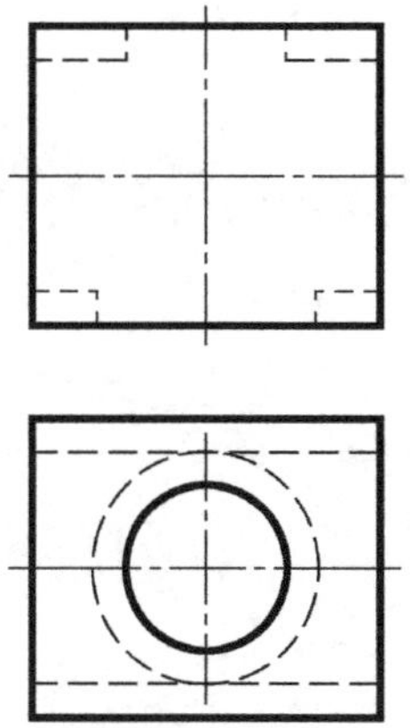

10.

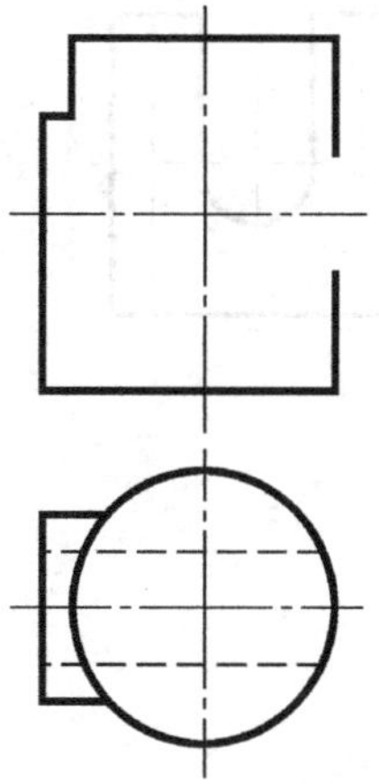

11.

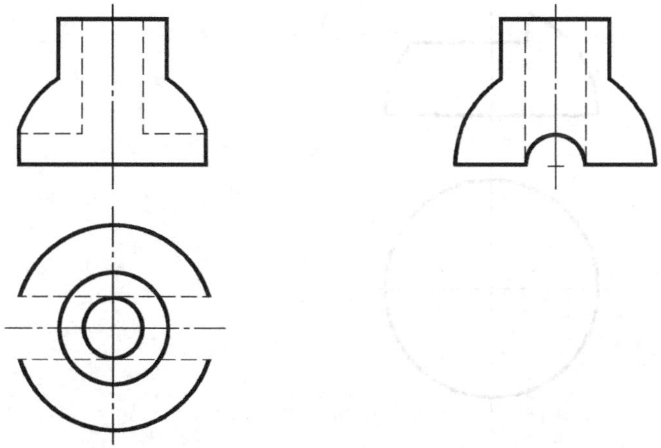

12.

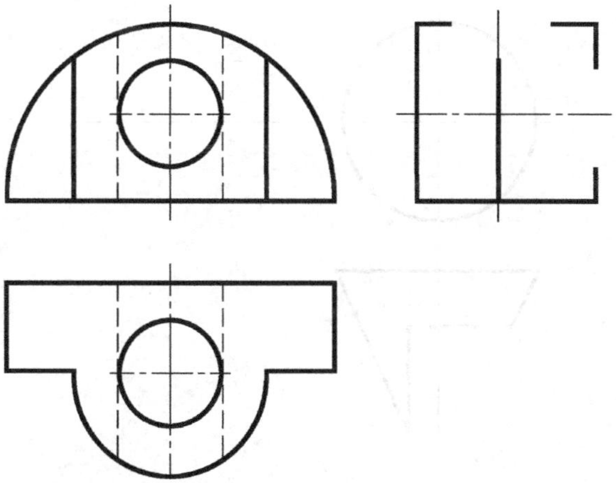

| 项目 3 | 画轴承座三视图 | 班级: | 姓名: | 学号: | 审核: | 12 |

3.7 根据两视图，补画漏线及第三视图。

项目 3　画轴承座三视图　　班级：　　姓名：　　学号：　　审核：　　13

3.8　根据轴测图，画组合体的三视图。

1.

2.

| 项目 3　画轴承座三视图 | 班级： | 姓名： | 学号： | 审核： | 14 |

3.8　根据轴测图，画组合体的三视图。

3.

4.

| 项目 3 画轴承座三视图 | 班级： | 姓名： | 学号： | 审核： | 15 |

3.9 补画组合体视图中的漏线。

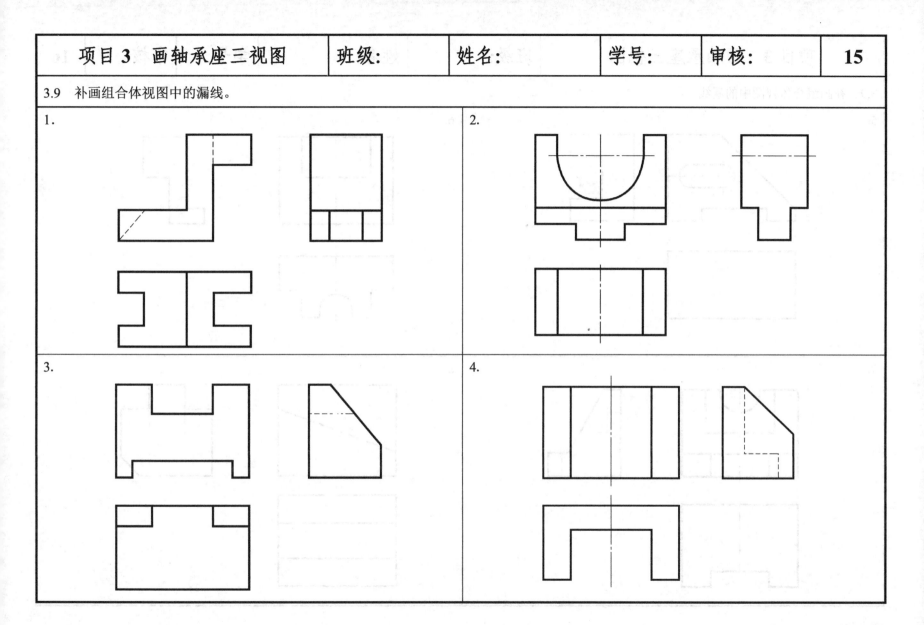

项目3 画轴承座三视图

3.9 补画组合体视图中的漏线。

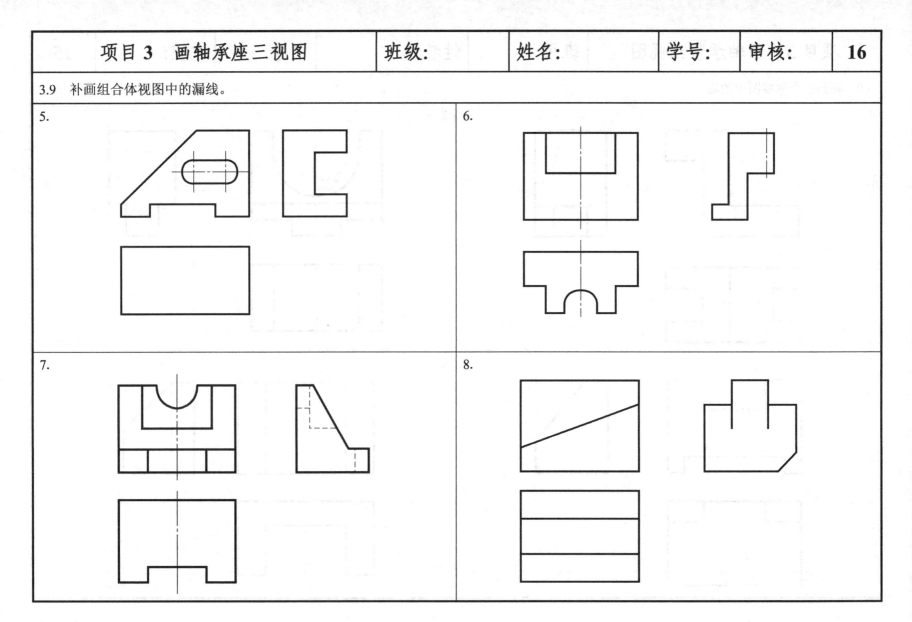

项目 3　画轴承座三视图

3.10　根据组合体两视图，补画第三视图。

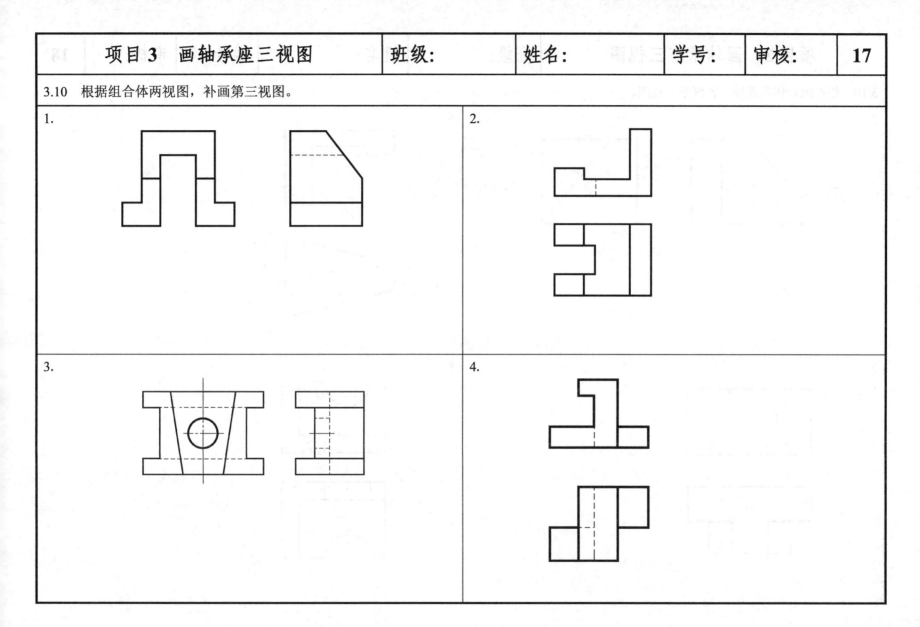

项目 3　画轴承座三视图

3.10　根据组合体两视图，补画第三视图。

5.

6.

7.

8.

项目 3　画轴承座三视图

3.11 补画组合体视图中的漏线。

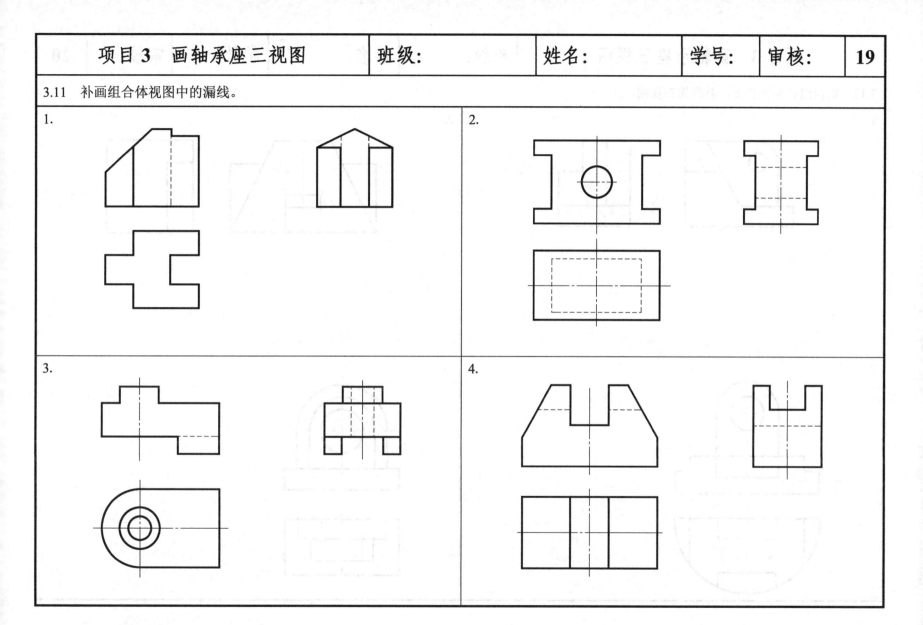

项目 3　画轴承座三视图　　班级:　　姓名:　　学号:　　审核:　　20

3.12　根据组合体两视图，补画第三视图。

1.

2.

3.

4.

项目3　画轴承座三视图　　班级:　　姓名:　　学号:　　审核:　　21

3.12　根据组合体两视图，补画第三视图。

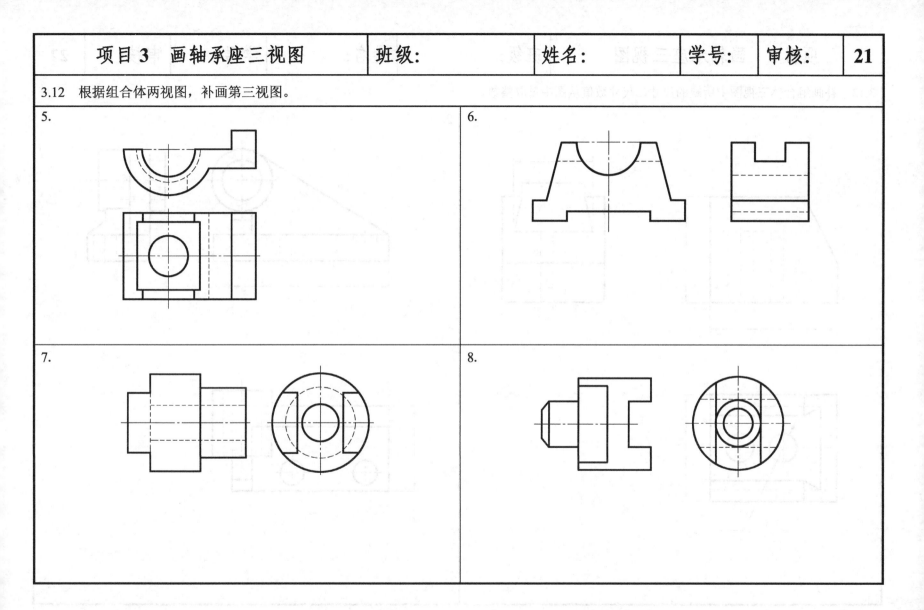

| 项目 3 画轴承座三视图 | 班级： | 姓名： | 学号： | 审核： | 22 |

3.13 补画组合体三视图中所缺的尺寸，尺寸数值从图中量取整数。

1.

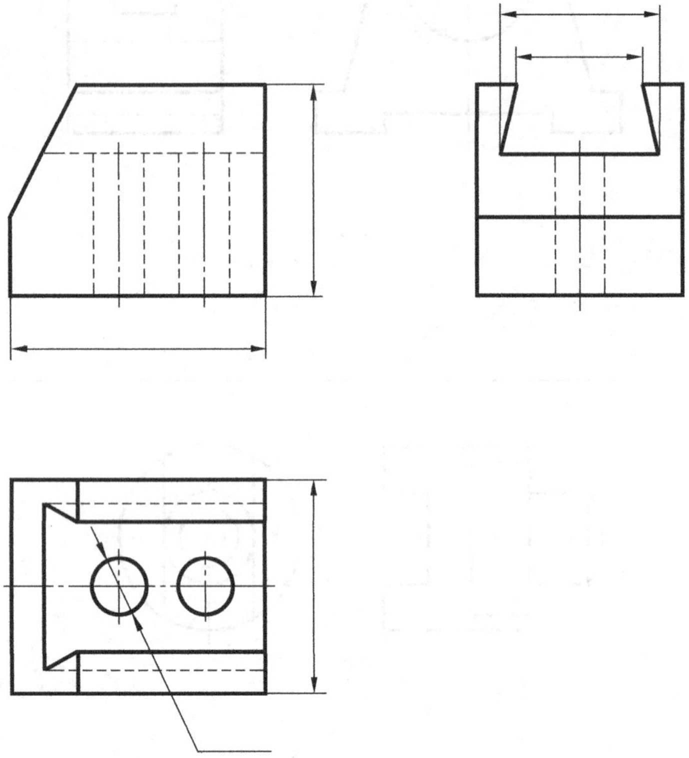

2.

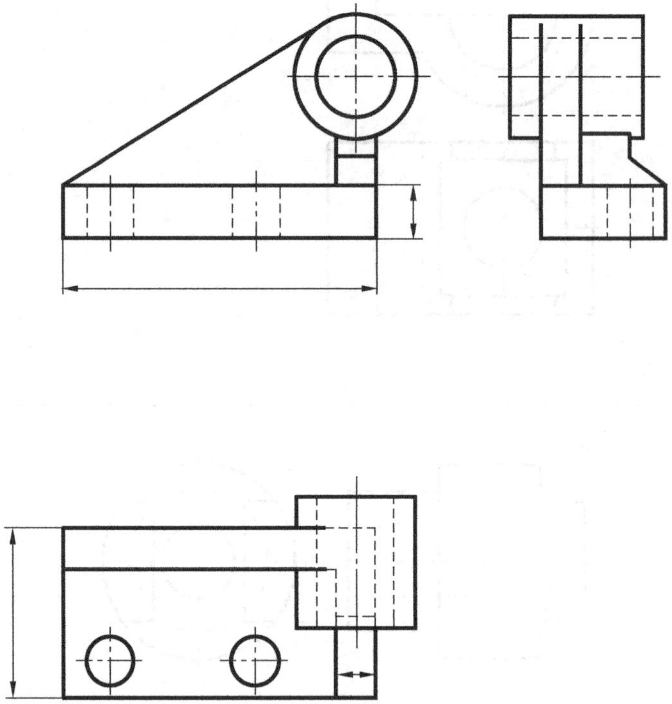

| 项目 3　画轴承座三视图 | 班级： | 姓名： | 学号： | 审核： | 23 |

3.14　标注组合体的尺寸，尺寸数值从图中量取整数。

1.

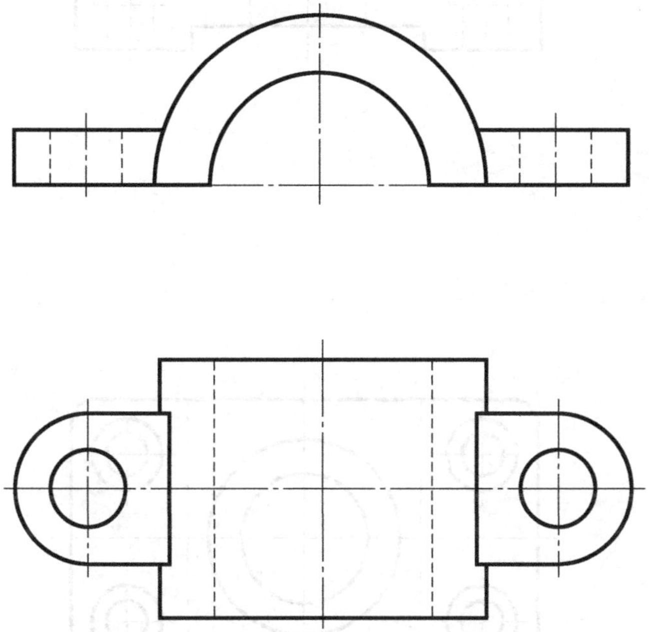

2.

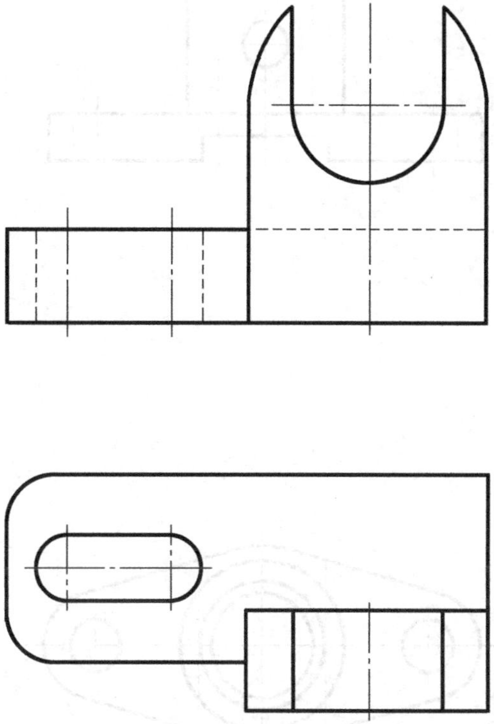

项目 3　画轴承座三视图　　班级:　　姓名:　　学号:　　审核:

3.14　标注组合体的尺寸,尺寸数值从图中量取整数。

3.

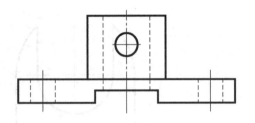

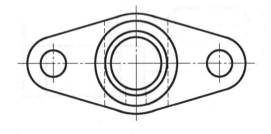

4.

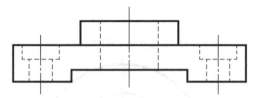

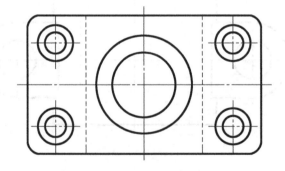

| 项目 3 画轴承座三视图 | 班级： | 姓名： | 学号： | 审核： | 25 |

3.15 根据给出的视图画出正等轴测图(尺寸从视图中按 1∶1 的比例量取)。

1.

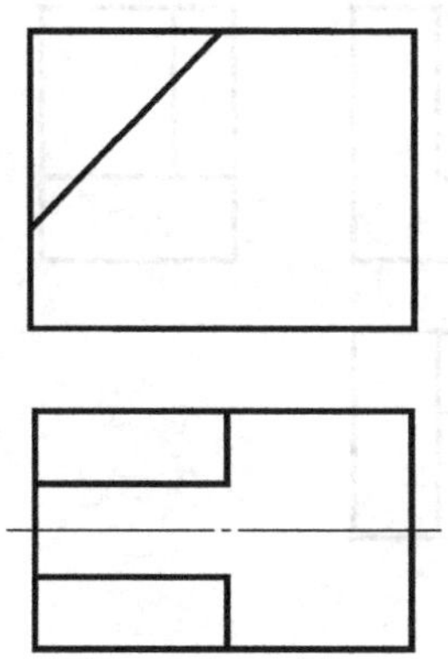

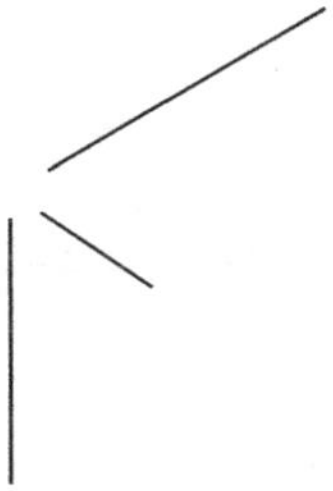

2.

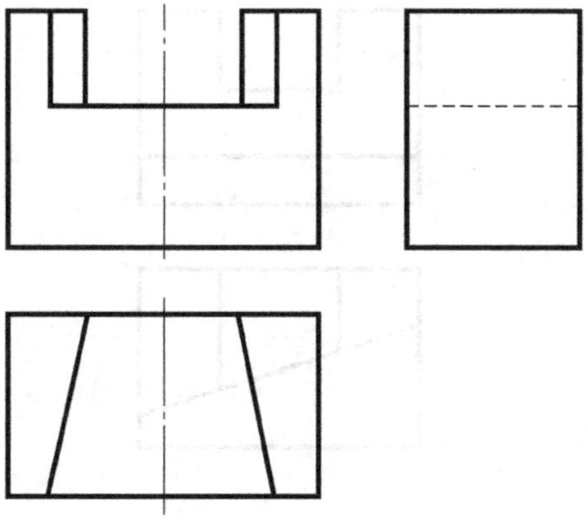

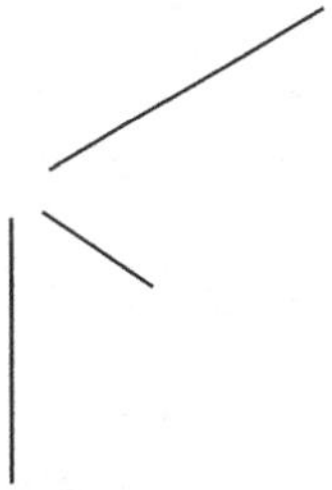

3.

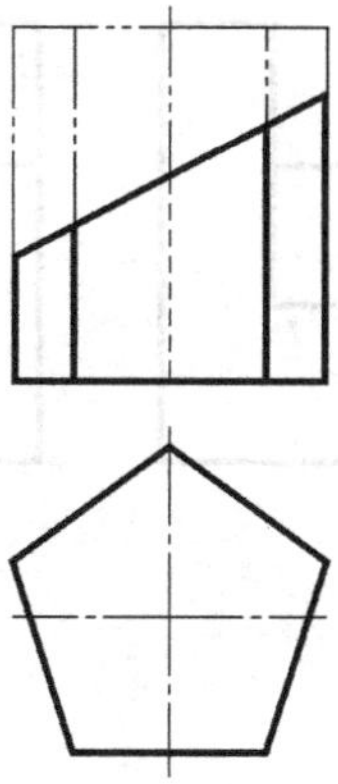

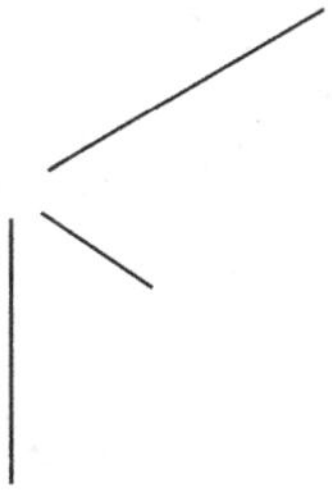

| 项目 3 画轴承座三视图 | 班级: | 姓名: | 学号: | 审核: | **26** |

3.15 根据给出的视图画出正等轴测图(尺寸从视图中按 1∶1 的比例量取)。

4.

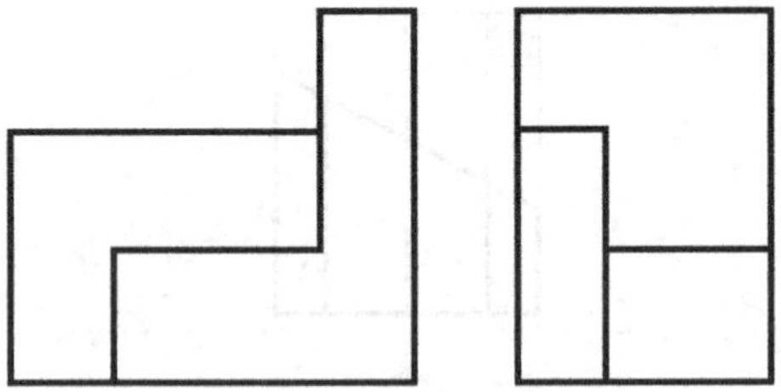

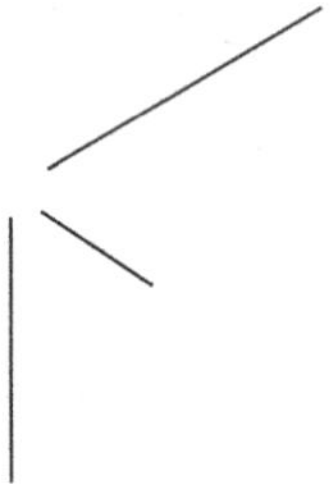

5.

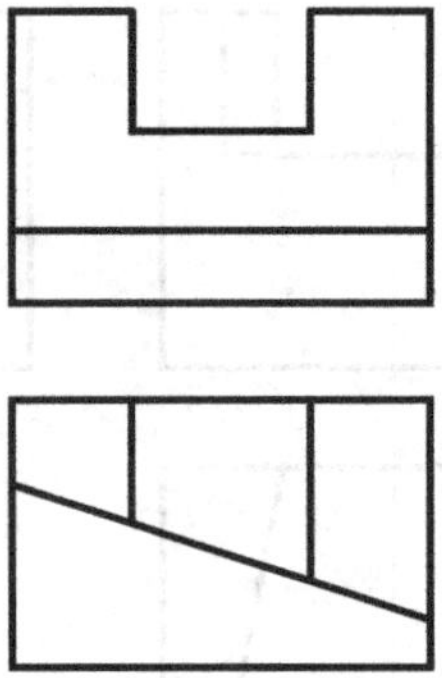

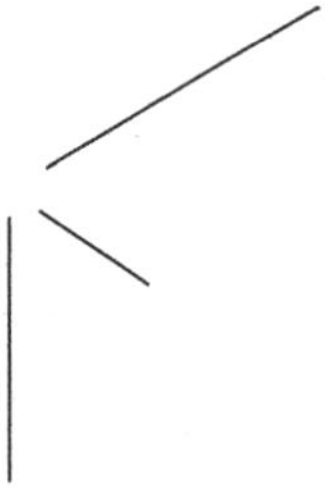

6.

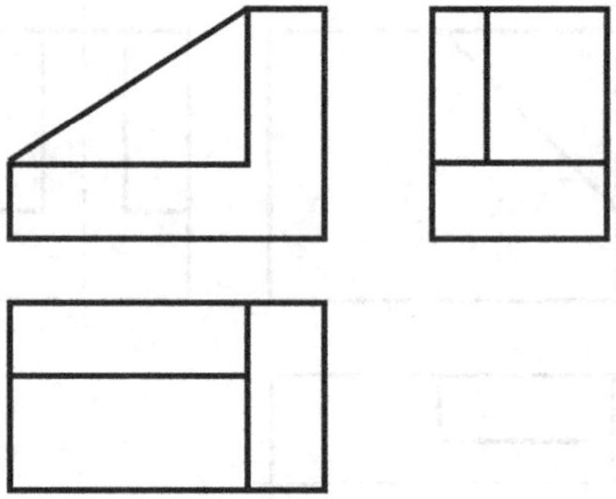

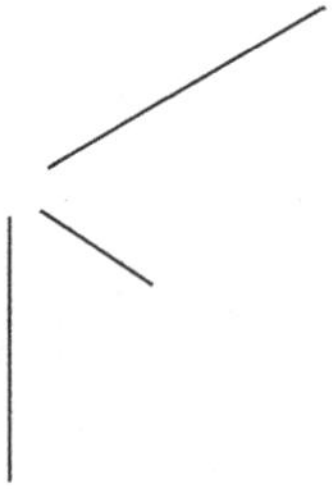

| 项目 3 画轴承座三视图 | 班级: | 姓名: | 学号: | 审核: | 27 |

3.15 根据给出的视图画出正等轴测图(尺寸从视图中按 1：1 的比例量取)。

7.

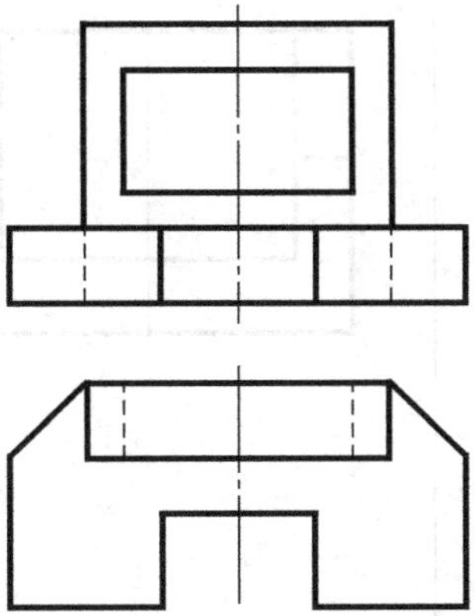

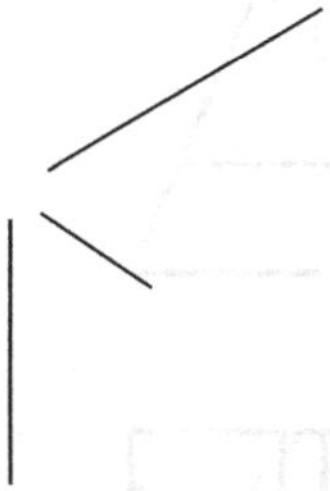

8.

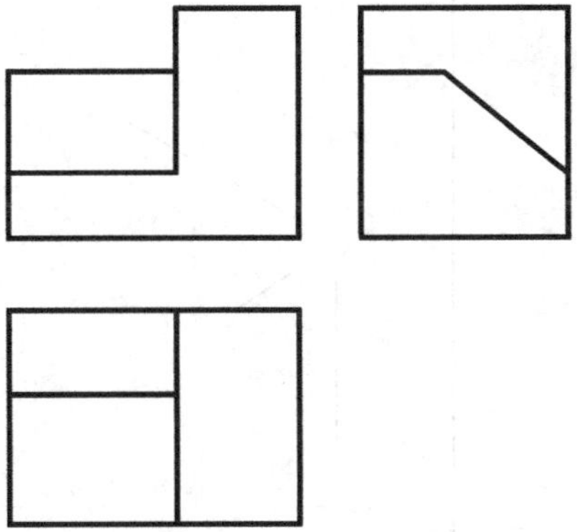

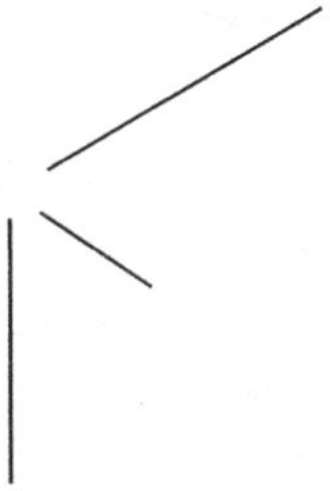

| 项目 3　画轴承座三视图 | 班级: | 姓名: | 学号: | 审核: | 28 |

3.15　根据给出的视图画出正等轴测图(尺寸从视图中按 1∶1 的比例量取)。

9.

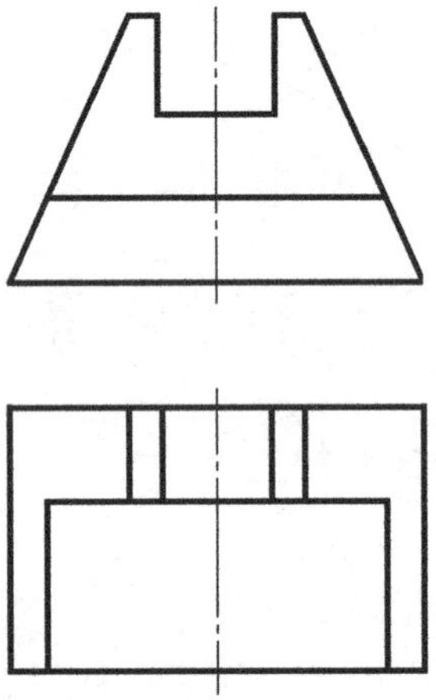

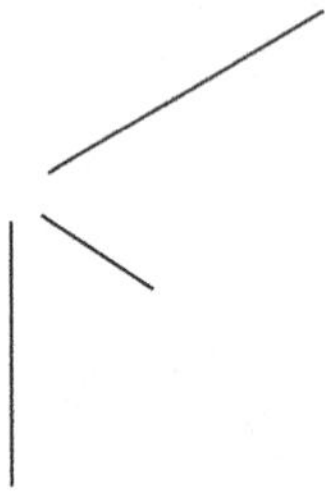

10.

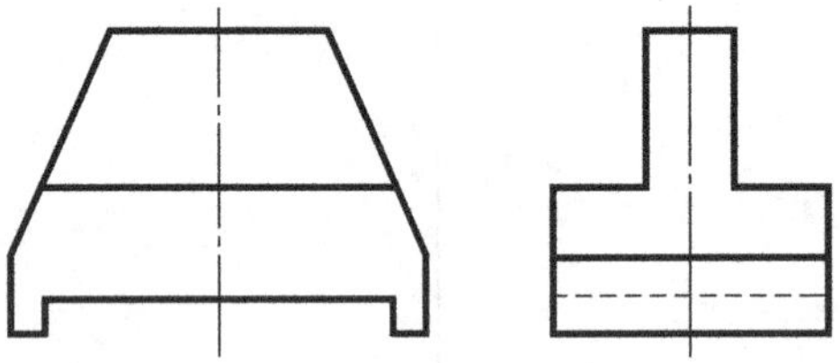

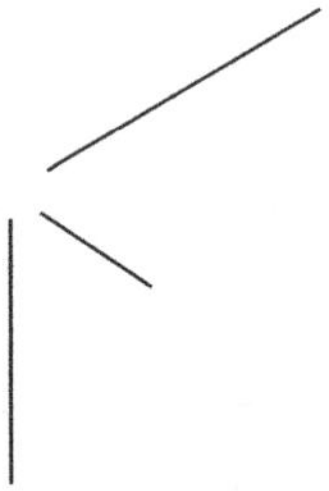

11.

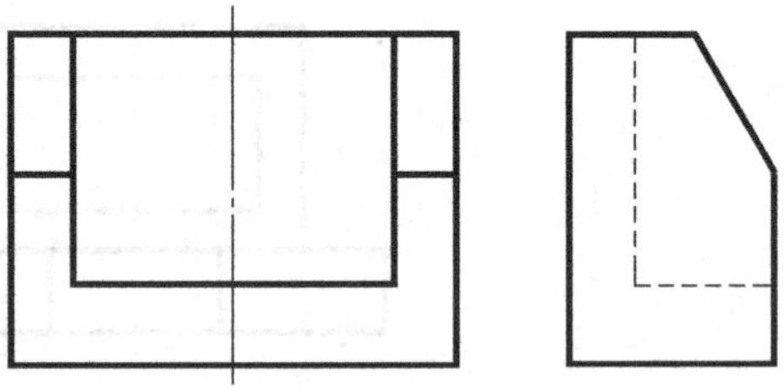

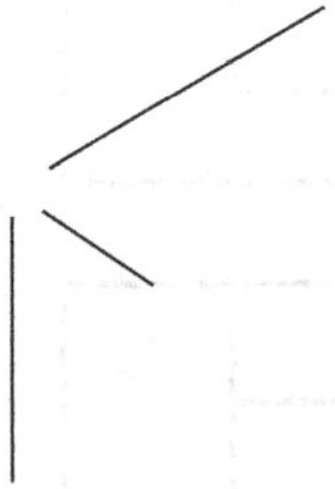

| 项目 3 画轴承座三视图 | 班级: | 姓名: | 学号: | 审核: | 29 |

3.15 根据给出的视图画出正等轴侧图(尺寸从视图中按 1∶1 的比例量取)。

12.

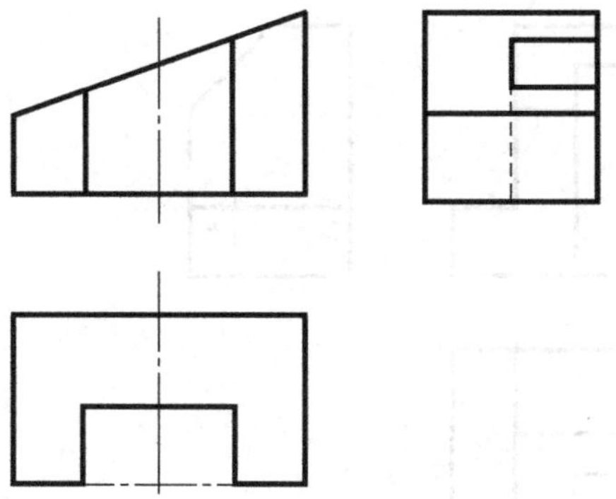

13.

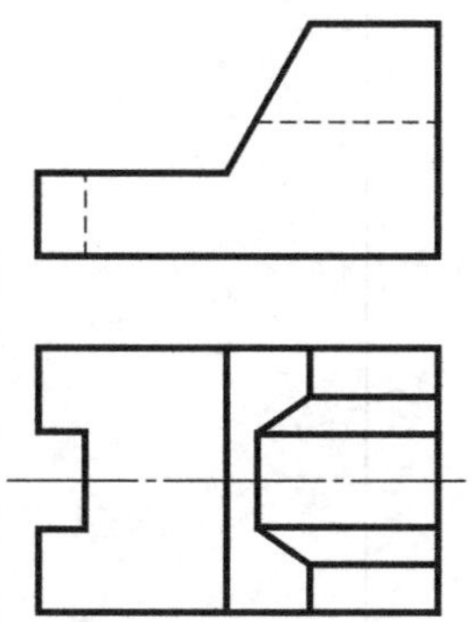

14.

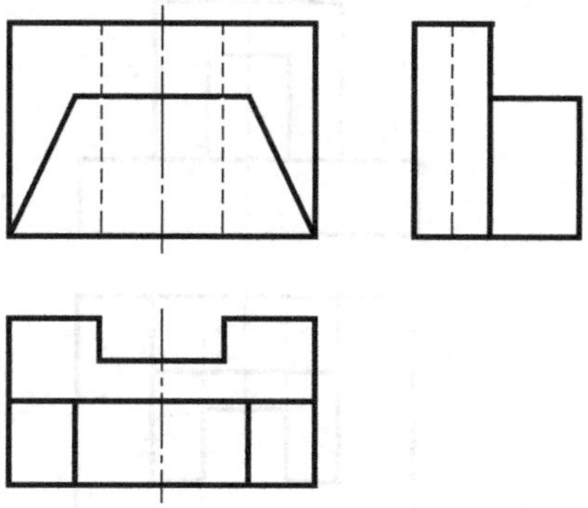

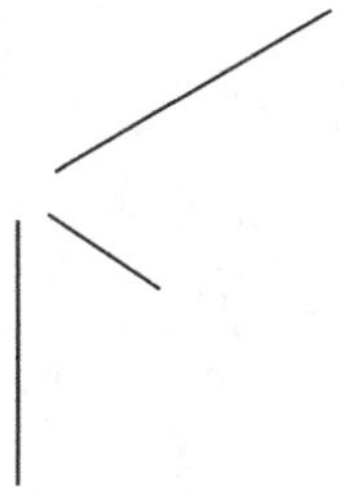

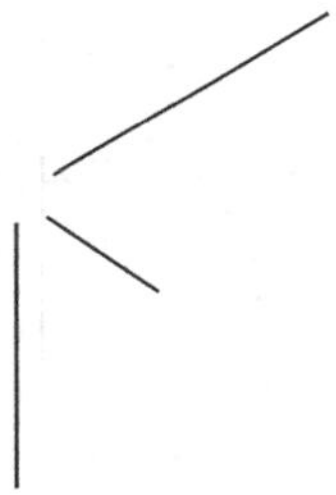

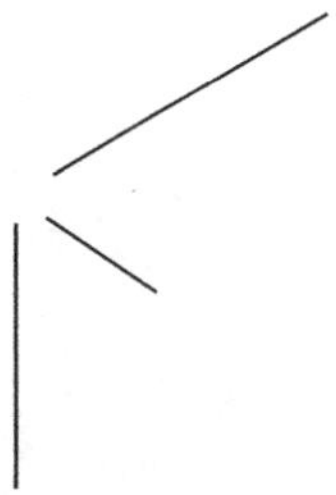

| 项目 3　画轴承座三视图 | 班级： | 姓名： | 学号： | 审核： | 30 |

3.15　根据给出的视图画出正等轴测图(尺寸从视图中按 1∶1 的比例量取)。

15.

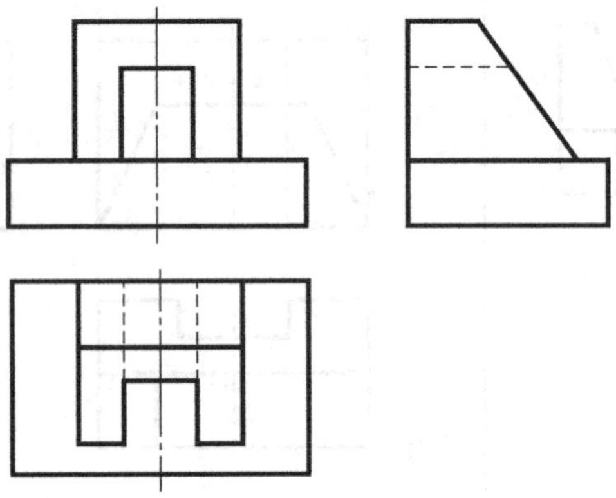

16.

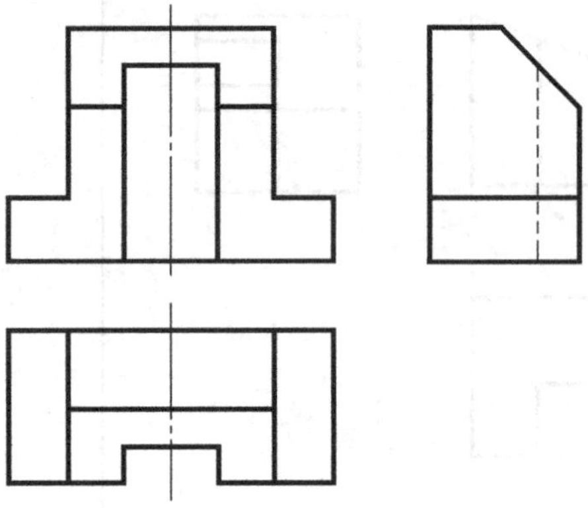

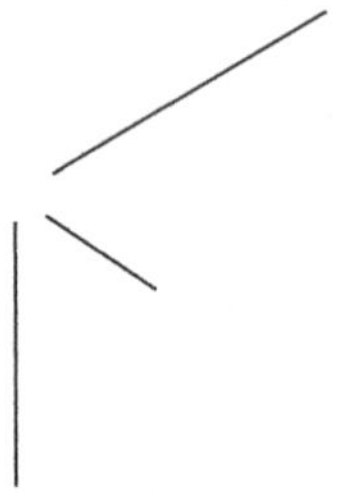

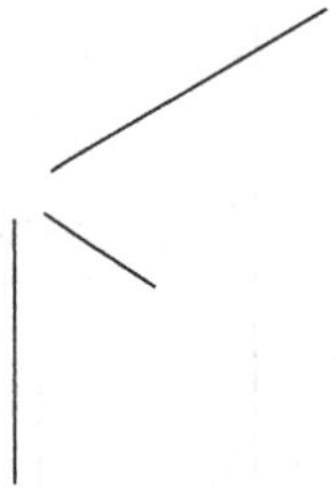

项目 3　画轴承座三视图　　班级:　　姓名:　　学号:　　审核:　　31

3.15　根据给出的视图画出正等轴测图(尺寸从视图中按 1∶1 的比例量取)。

17.

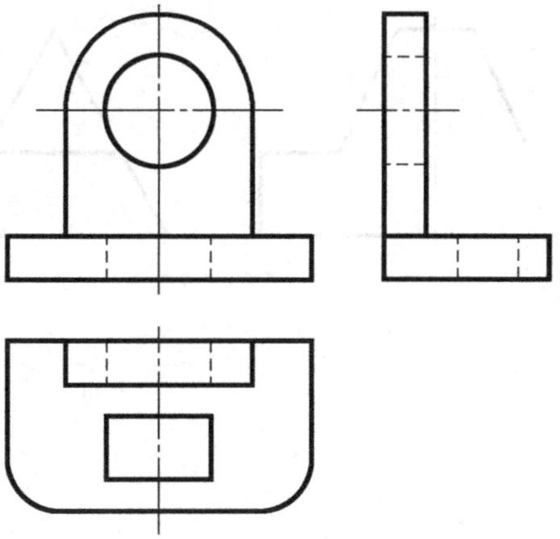

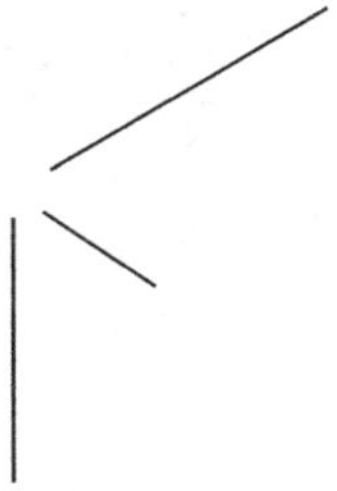

18.

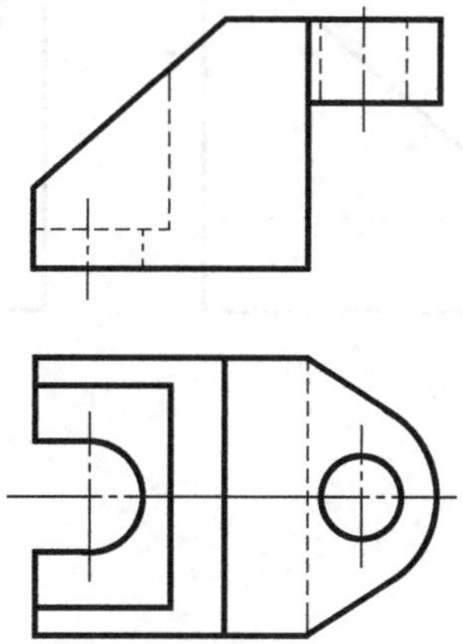

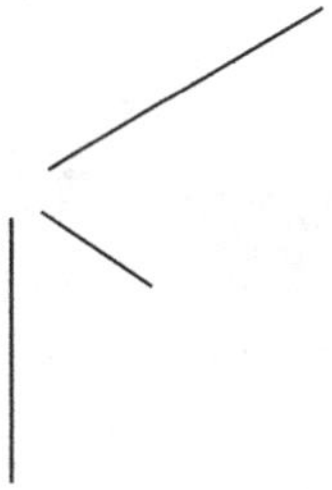

| 项目 3 | 画轴承座三视图 | 班级: | 姓名: | 学号: | 审核: | 32 |

3.16 根据两视图补画第三视图,并画出正等轴测图(尺寸从视图中按 1∶1 的比例量取)。

1.

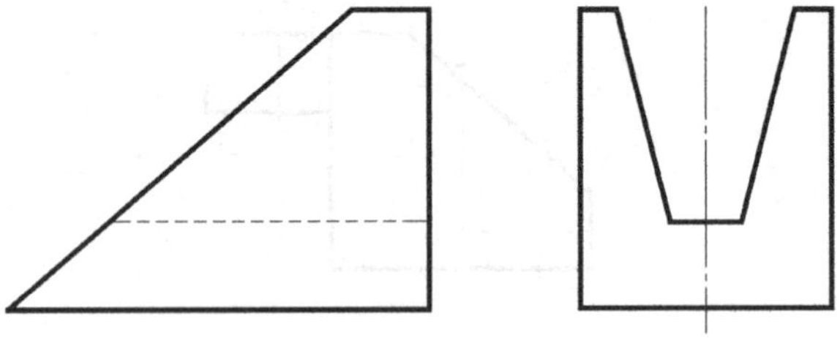

2.

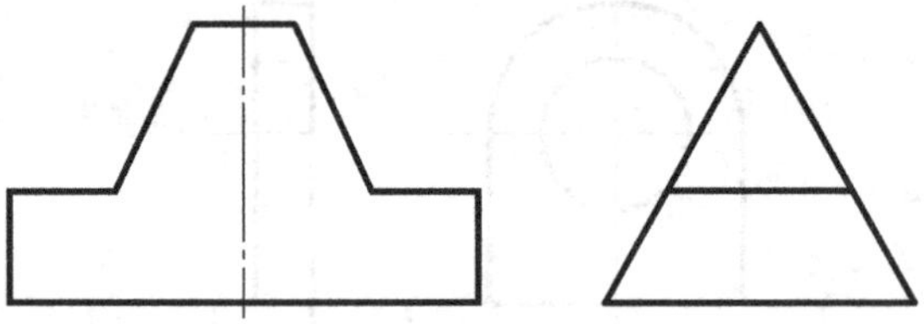

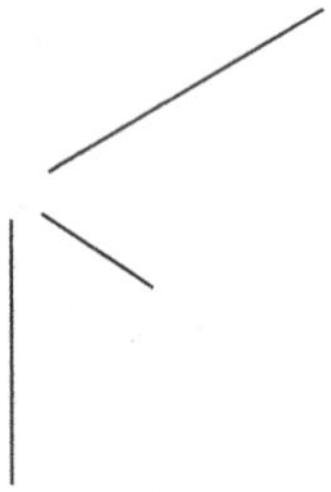

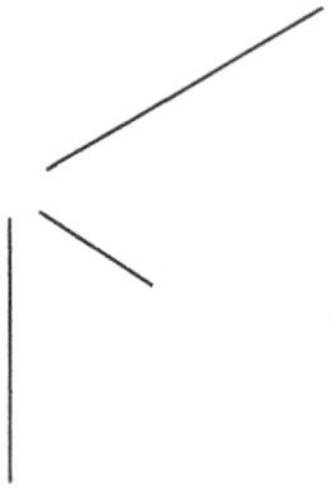

| 项目 3　画轴承座三视图 | 班级: | 姓名: | 学号: | 审核: | 33 |

3.16　根据两视图补画第三视图，并画出正等轴测图(尺寸从视图中按 1∶1 的比例量取)。

3.

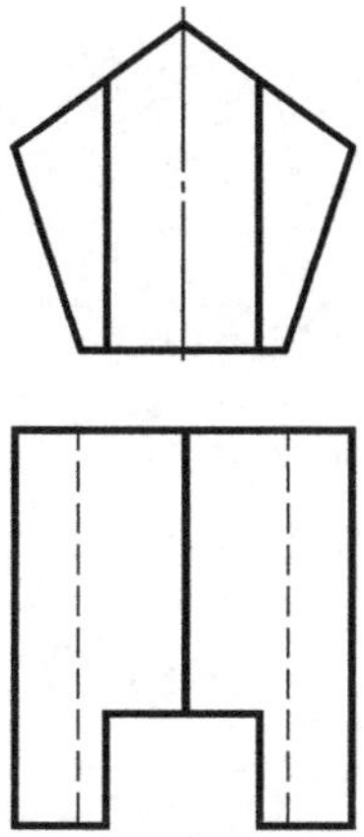

4.

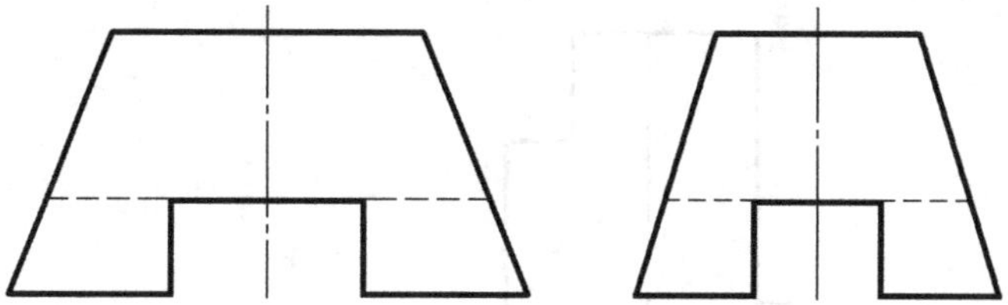

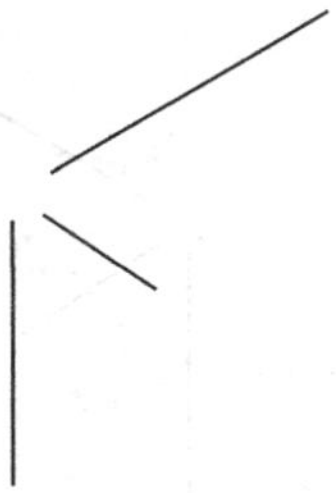

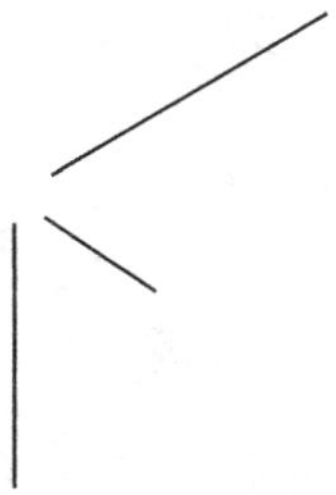

项目 3　画轴承座三视图　　班级:　　姓名:　　学号:　　审核:　　34

3.16　根据两视图补画第三视图，并画出正等轴测图(尺寸从视图中按 1∶1 的比例量取)。

5.

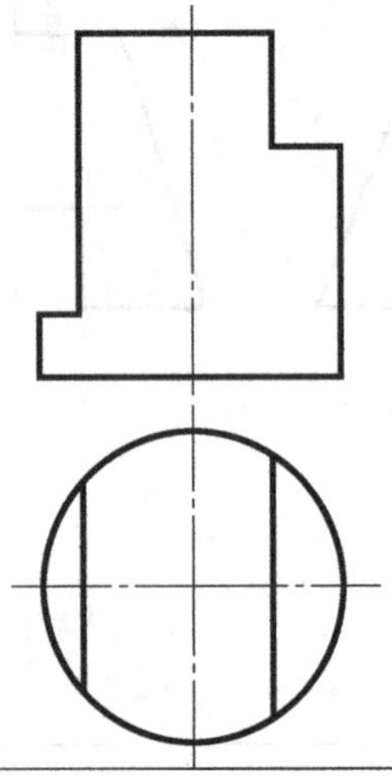

6.

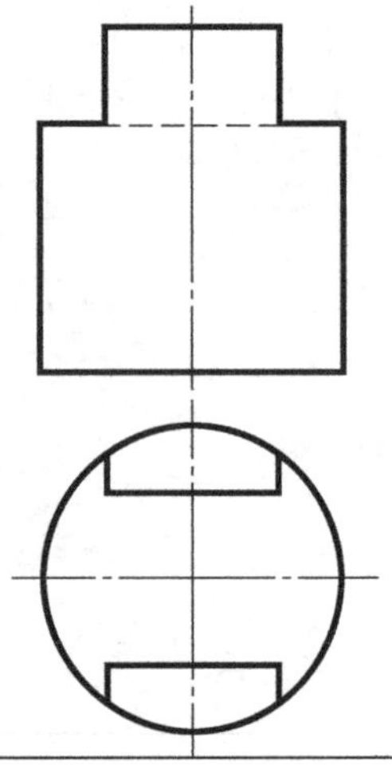

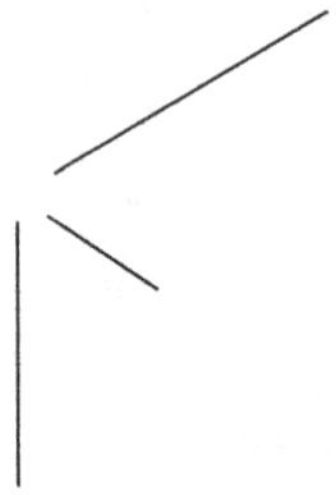

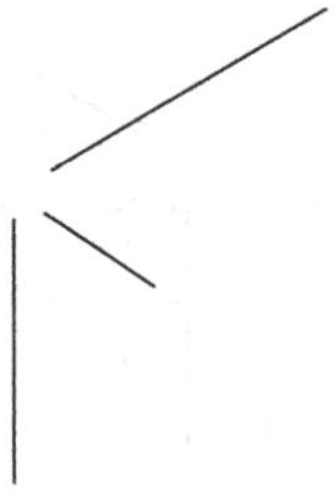

项目 3　画轴承座三视图

3.17　根据给出的视图画出斜二等轴侧图(尺寸从视图中按 1∶1 的比例量取)。

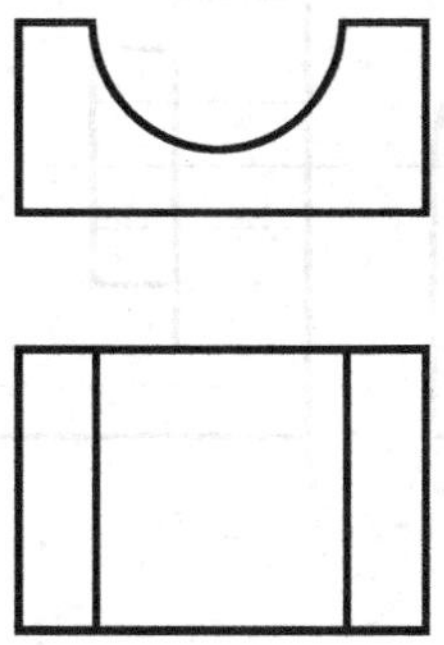

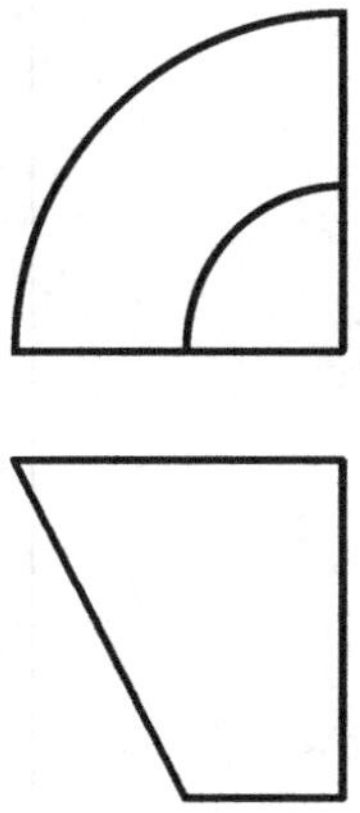

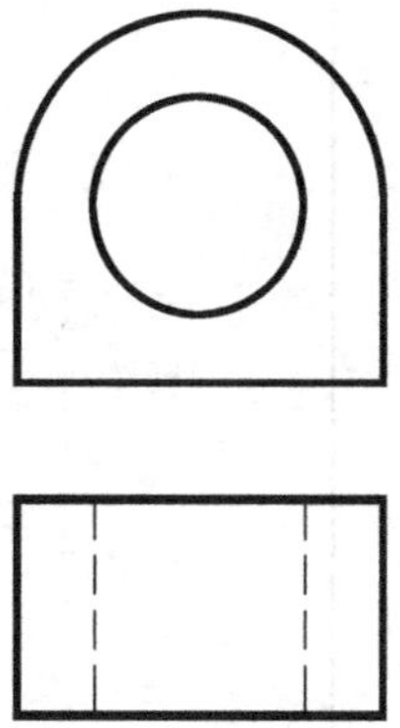

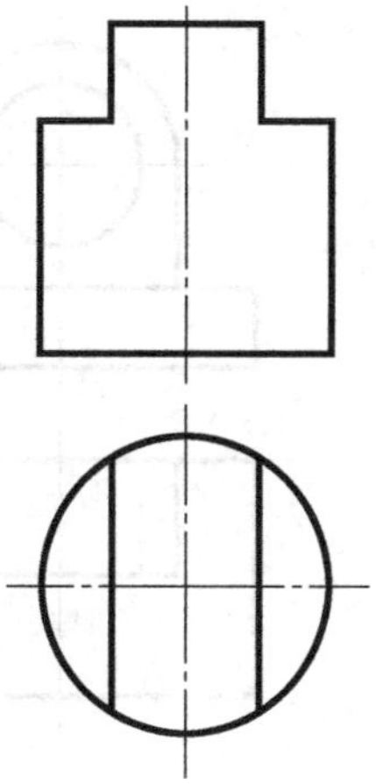

| 项目 3　画轴承座三视图 | 班级： | 姓名： | 学号： | 审核： | 36 |

3.17　根据给出的视图画出斜二等轴测图(尺寸从视图中按 1∶1 的比例量取)。

5.

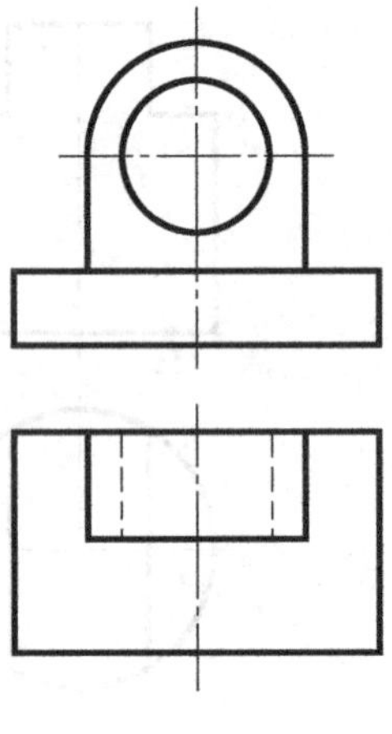

6.

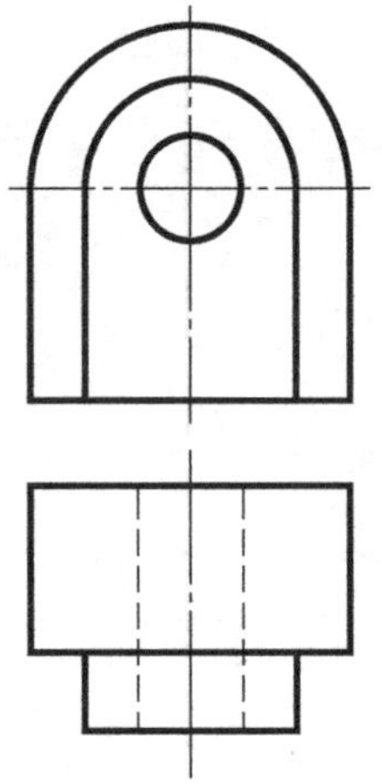

7.

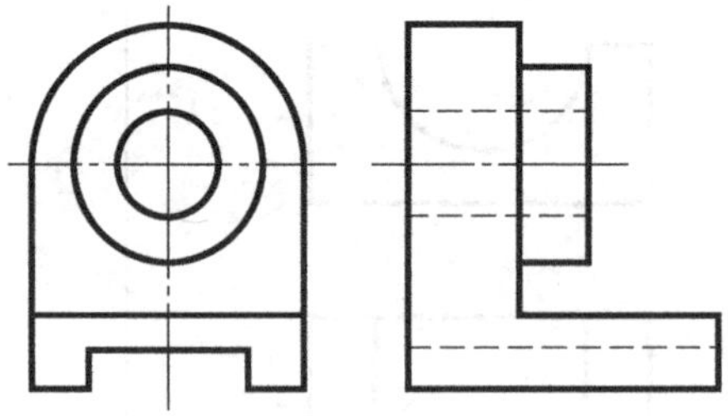

项目 3　画轴承座三视图　　班级:　　姓名:　　学号:　　审核:　37

3.17　根据给出的视图画出斜二等轴侧图(尺寸从视图中按 1∶1 的比例量取)。

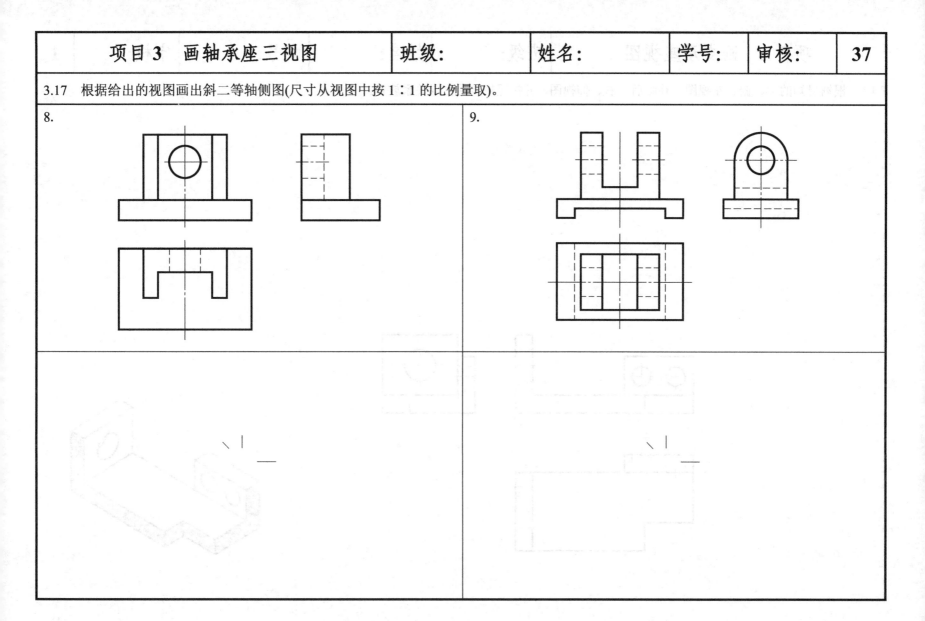

| 项目 4 画支承座视图 | 班级: | 姓名: | 学号: | 审核: | 1 |

4.1 根据已知的主、俯、左视图，补画后、右、仰视图，并按照规定的位置关系放置。

| 项目 4 画支承座视图 | 班级: | 姓名: | 学号: | 审核: | 2 |

4.1 根据已知的主、俯、左视图，补画后、右、仰视图，并按照规定的位置关系放置。

项目 4　画支承座视图　　班级:　　姓名:　　学号:　　审核:　　3

4.2　根据主、俯、左视图，找出或补画后、右、仰视图，并进行标注。

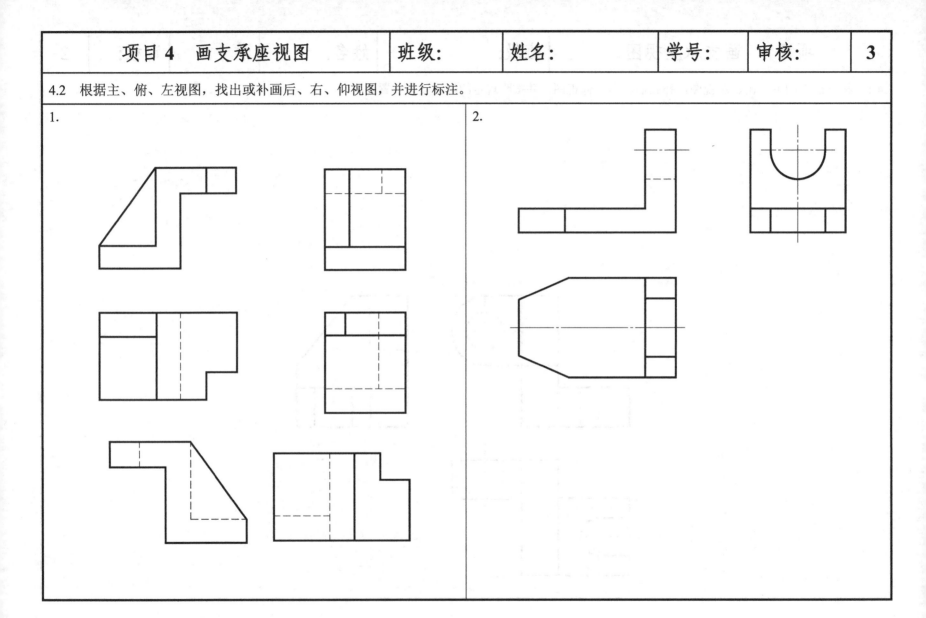

| 项目 4 画支承座视图 | 班级: | 姓名: | 学号: | 审核: | 4 |

4.3 画出 A 向和 B 向局部视图。

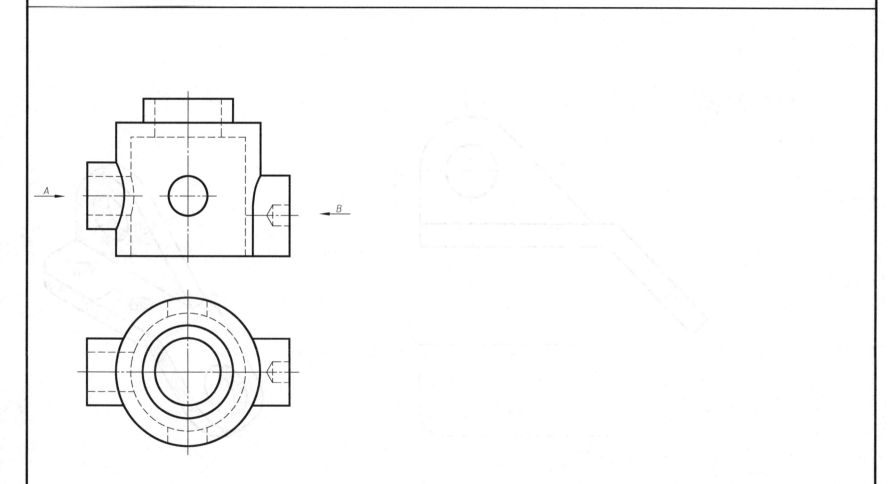

| 项目 4 画支承座视图 | 班级： | 姓名： | 学号： | 审核： | 5 |

4.4 根据给定的视图，补画局部视图和斜视图。

项目 4　画支承座视图　　班级:　　姓名:　　学号:　　审核:　　6

4.5　根据给定的视图，补画局部视图和斜视图。

1.

2.

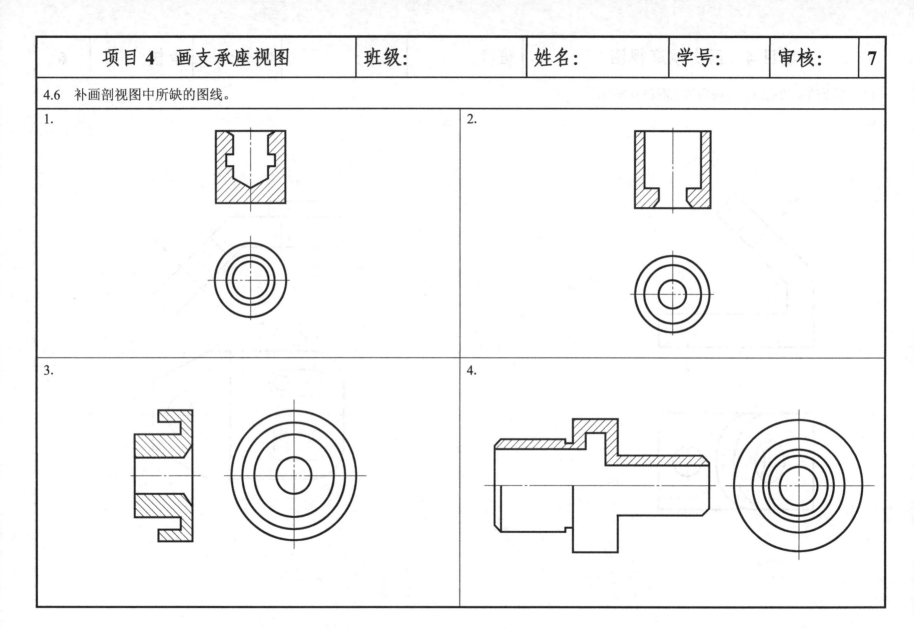

项目 4　画支承座视图　　班级:　　姓名:　　学号:　　审核:　　8

4.6　补画剖视图中所缺的图线。

5.

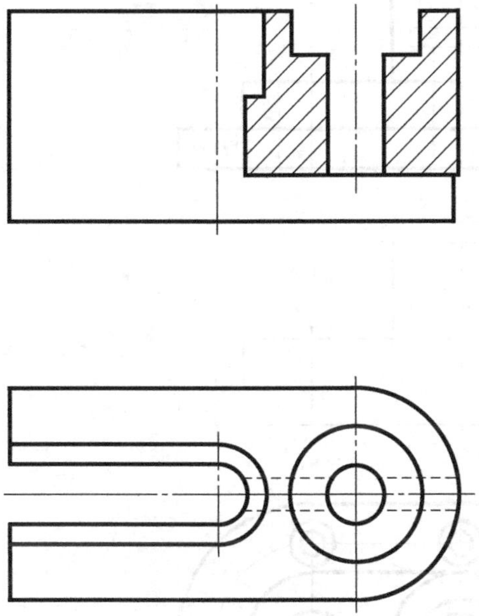

6.

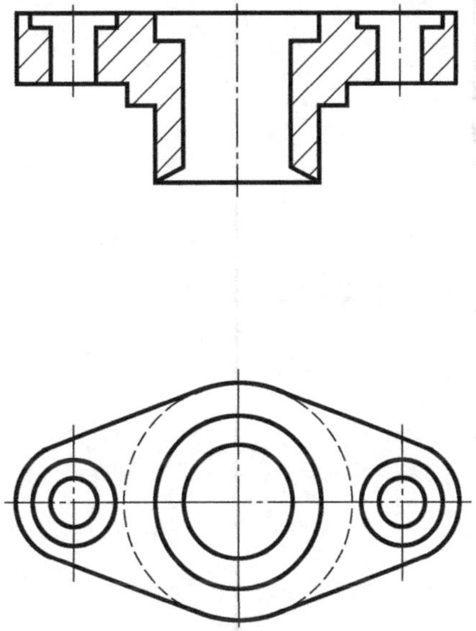

7.

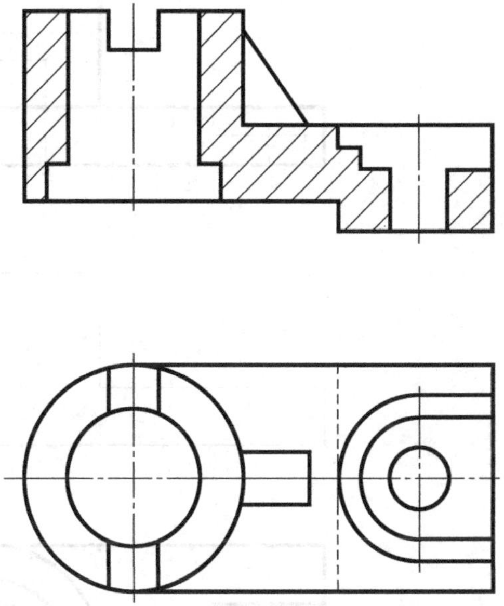

项目4 画支承座视图　　班级：　　姓名：　　学号：　　审核：　　9

4.7 将主视图改画成全剖视图。

1.

2.

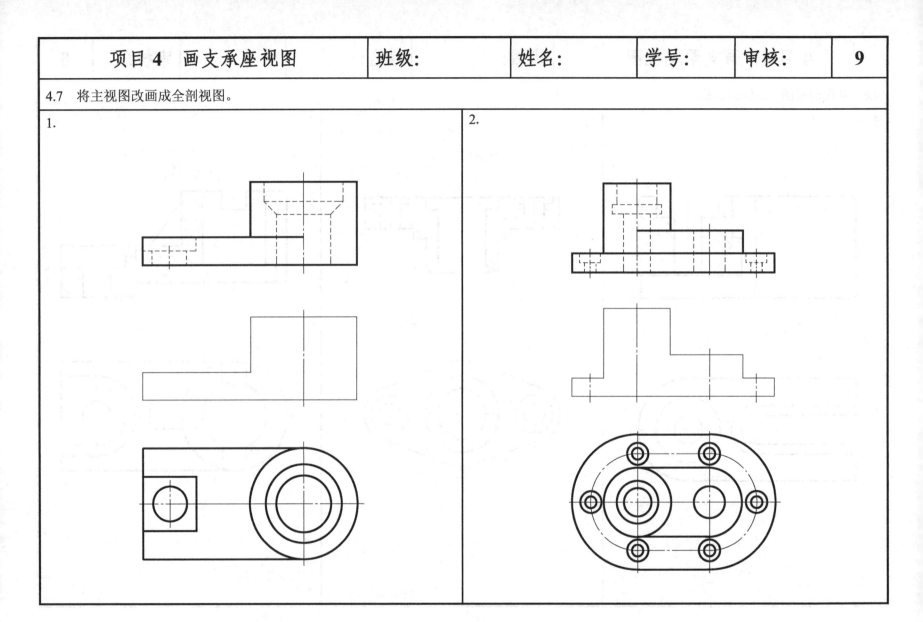

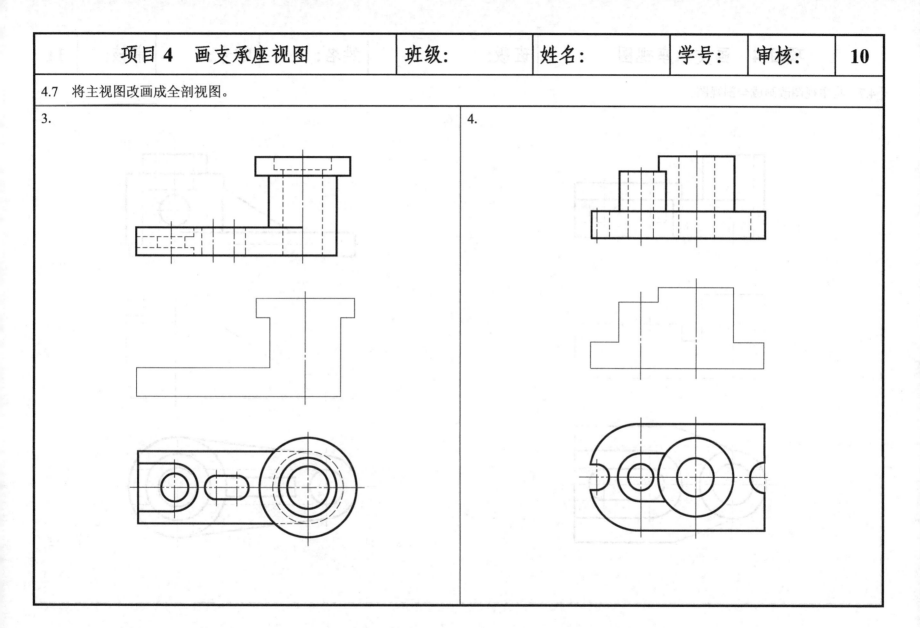

项目 4　画支承座视图　班级：　姓名：　学号：　审核：　11

4.7　将主视图改画成全剖视图。

5.

6.

| 项目 4 画支承座视图 | 班级: | 姓名: | 学号: | 审核: | 12 |

4.8 将主视图改为半剖视图。

1.

2.

| 项目 4 画支承座视图 | 班级： | 姓名： | 学号： | 审核： | 13 |

4.8 将主视图改为半剖视图。

3.

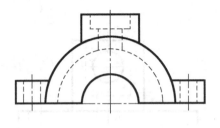

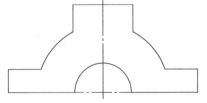

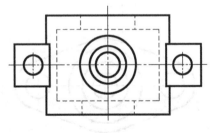

4.

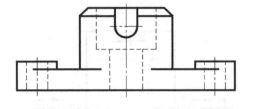

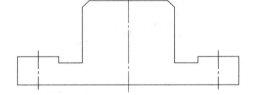

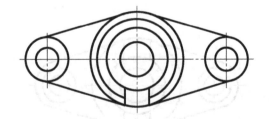

项目 4　画支承座视图

4.9 根据给定的视图，补画全剖或半剖的视图。

1.

2.

| 项目 4　画支承座视图 | 班级： | 姓名： | 学号： | 审核： | 15 |

4.9　根据给定的视图，补画全剖或半剖的左视图。

3.

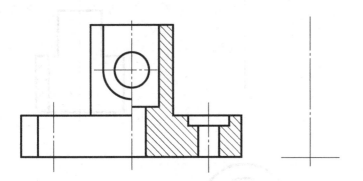

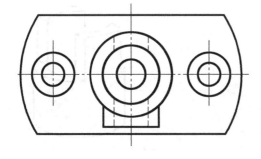

4.

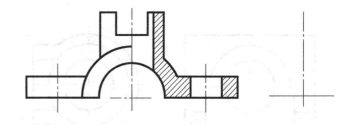

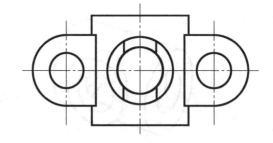

项目 4　画支承座视图　班级:　姓名:　学号:　审核:　16

4.10　判断正误。

| 项目4 画支承座视图 | 班级: | 姓名: | 学号: | 审核: | 17 |

4.11 指出局部剖视图中的错误,将正确的画在下面位置。

1.

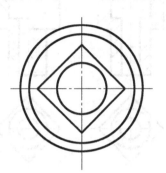
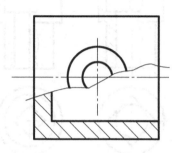

2.

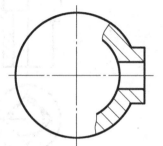

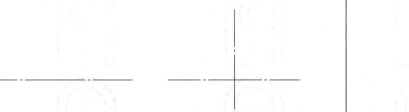

| 项目 4　画支承座视图 | 班级： | 姓名： | 学号： | 审核： | 18 |

4.12　用几个平行的剖切平面剖开物体，把主视图画成全剖视图，并进行标注。

1.

2.

| 项目 4　画支承座视图 | 班级： | 姓名： | 学号： | 审核： | 19 |

4.13　根据给定的剖切位置画出 A-A 剖视图。

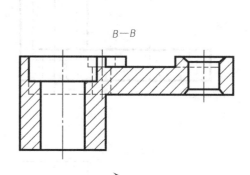

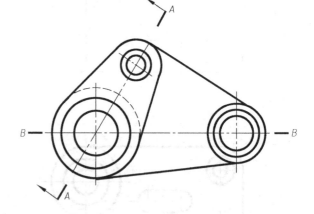

项目4 画支承座视图　　班级:　　姓名:　　学号:　　审核:　20

4.14 用两个相交的剖切平面剖开物体，把主视图画成全剖视图，并进行标注。

1.

2.

项目 4　画支承座视图　　班级:　　姓名:　　学号:　　审核:　21

4.15　判断正误。

1.

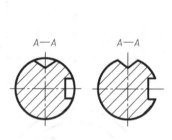

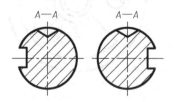

2.

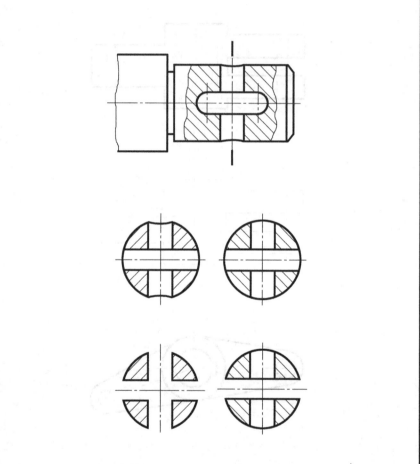

项目 4　画支承座视图　　班级：　　姓名：　　学号：　　审核：　22

4.15　判断正误。

3.

4.

项目 4　画支承座视图

4.16　画出指定位置的移出断面图(左端键槽深 5mm，右端键槽深 4mm)。

$A-A$

项目 4　画支承座视图　　班级：　　姓名：　　学号：　　审核：　　24

4.17　在主视图下方作 A—A 移出断面图。

4.18　把移出断面图改为重合断面图。

项目 4　画支承座视图　班级：　姓名：　学号：　审核：　25

4.19　按规定画法，在指定位置画出正确的剖视图。

1.

2.

| 项目 4　画支承座视图 | 班级： | 姓名： | 学号： | 审核： | 26 |

4.20　根据轴测图，用第三角画法画出物体的六面视图，并按规定的位置关系放置。

项目 4　画支承座视图

4.21　根据两视图，用第三角画法补画第三视图。

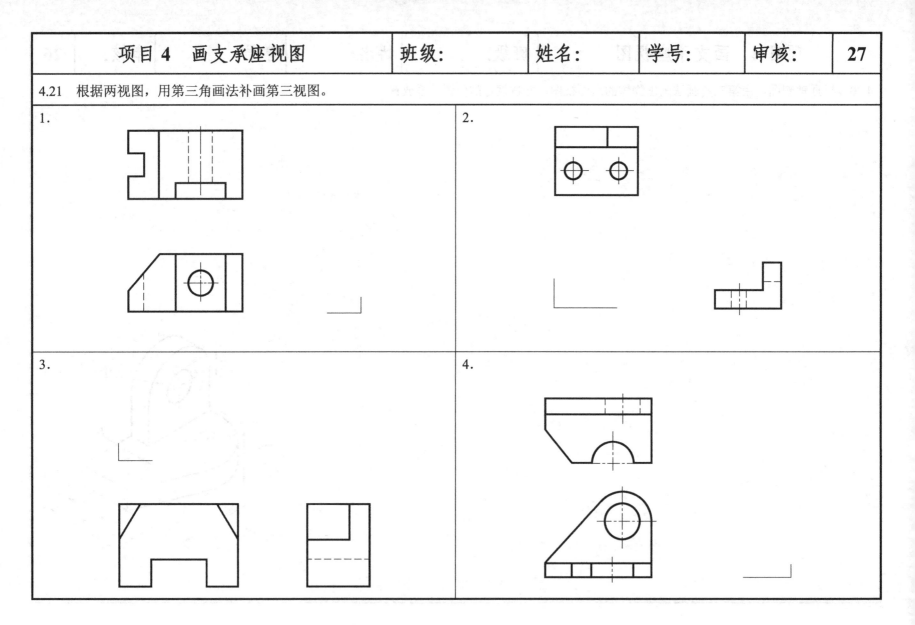

项目 4　画支承座视图　　班级:　　姓名:　　学号:　　审核:　28

4.21 根据两视图，用第三角画法补画第三视图。

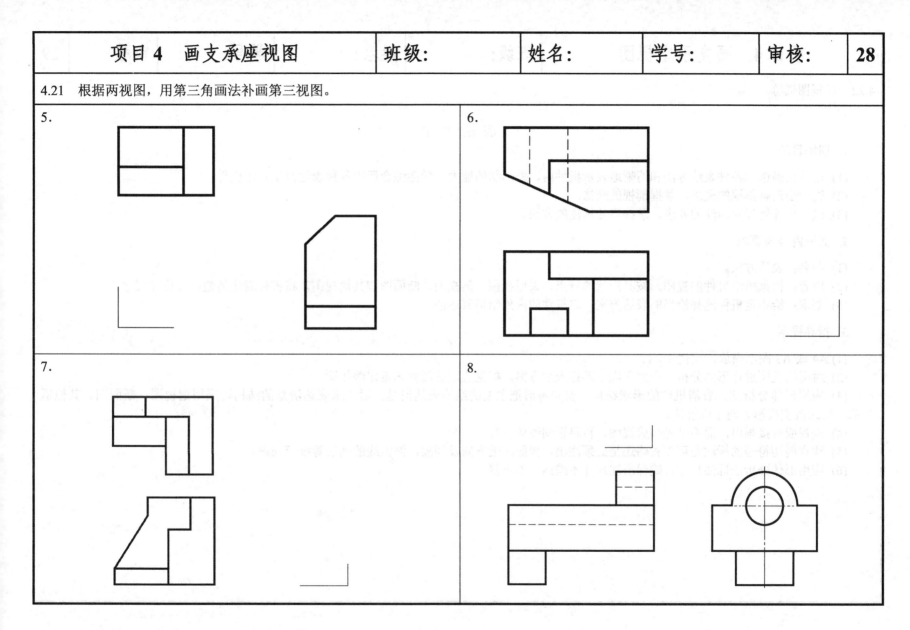

5.　　6.

7.　　8.

| 项目4 画支承座视图 | 班级: | 姓名: | 学号: | 审核: | 29 |

4.22 尺规图训练。

表 达 方 法

1. 训练目的

(1) 培养正确选择各种表达方法和清晰地表示机件内、外形状的能力。学会综合运用各种表达方法表示机件。
(2) 进一步理解剖视的概念，掌握剖视的画法。
(3) 进一步理解尺寸标注的要求，掌握尺寸标注的方法。

2. 训练内容与要求

(1) 图名：表达方法。
(2) 内容：根据所给机件的视图，按其形状的特点，采用视图、剖视图、断面图和其他视图，将机件表达清楚，并标注尺寸。
(3) 要求：给指定机件选择恰当的表达方案，将机件的内外结构表达清楚。

3. 指导提示

(1) A4 或 A3 图纸横放，比例 1∶1。
(2) 对所给视图进行形体分析，在此基础上选择表达方案。根据选定的图幅确定比例作图。
(3) 应用形体分析法，看清机件的形状结构。首先考虑把主要的结构表达清楚，对尚未表达清楚的结构可采用剖视图、断面图、其他适当的方法或改变投影方向予以解决。
(4) 剖视应直接画出，而不是先画成视图，再将视图改成剖视。
(5) 注意剖切符号的标注是可以省略还是必须注出，剖面线的方向及间隔，波浪线的画法等细节问题。
(6) 应用形体分析法标注尺寸，确保所注尺寸不遗漏、不重复。

项目 4　画支承座视图　班级：　姓名：　学号：　审核：　**30**

4.22　尺规图训练。

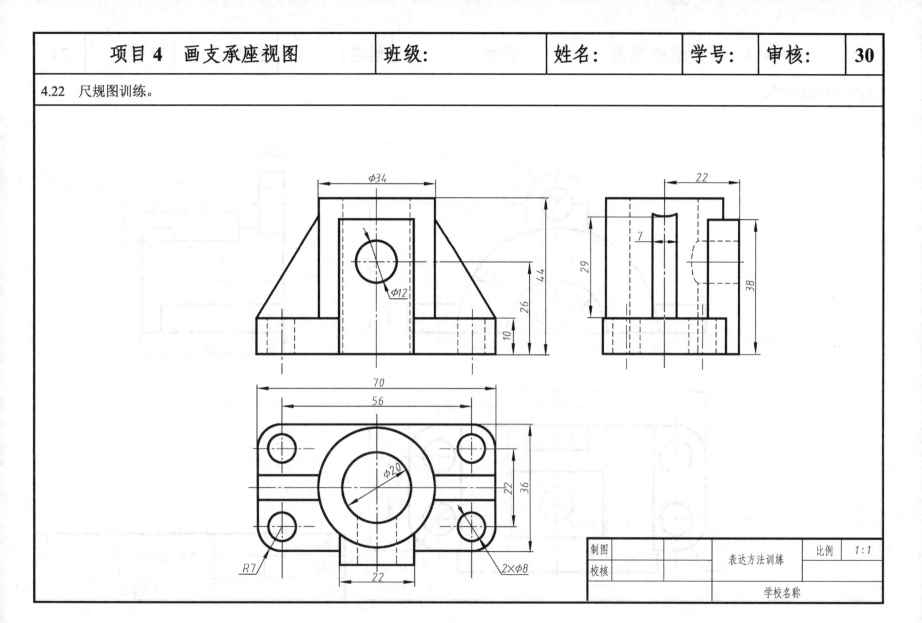

项目 4　画支承座视图

4.22　尺规图训练。

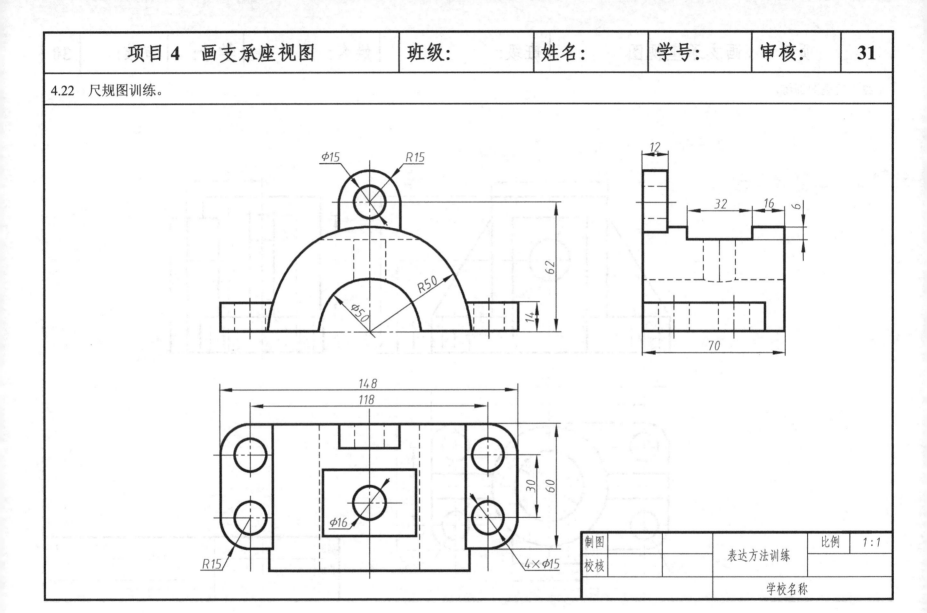

项目 4　画支承座视图

4.22　尺规图训练。

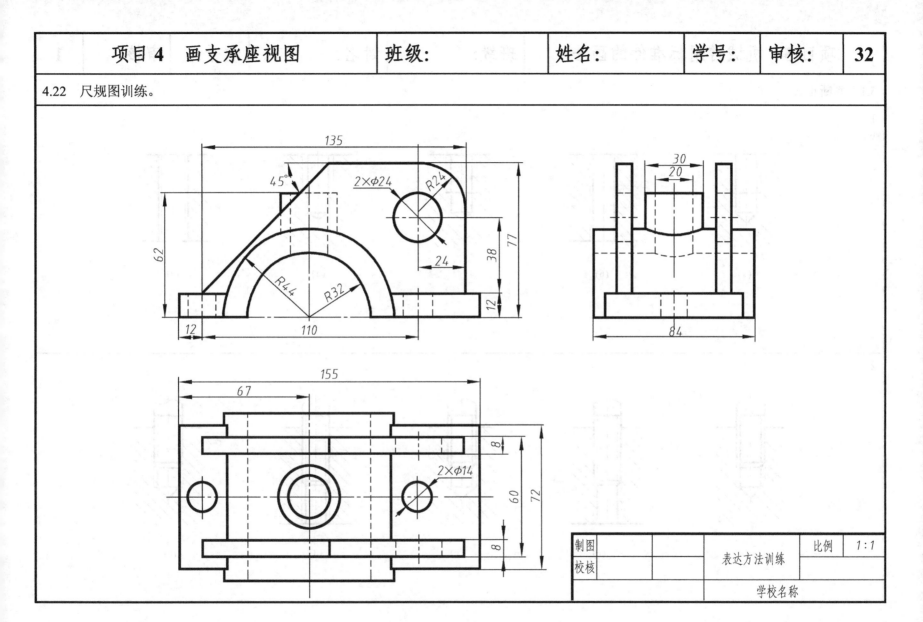

| 项目 5 机械常用标准件的画法 | 班级： | 姓名： | 学号： | 审核： | 1 |

5.1 判断正误。

1.

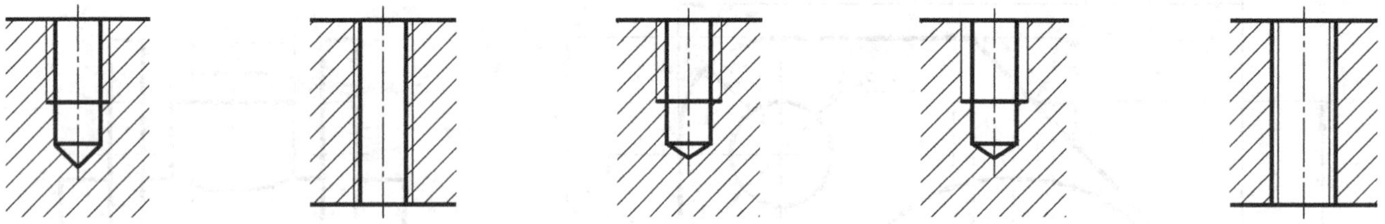

(a)　(b)　(c)　(d)　(e)

2.

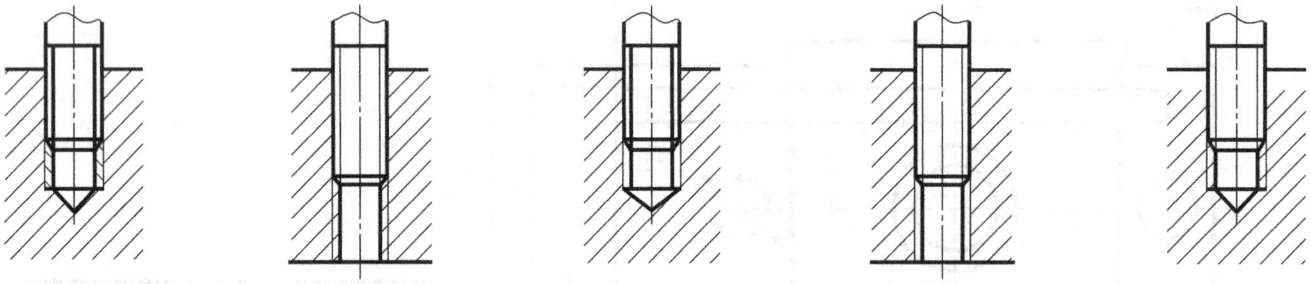

(a)　(b)　(c)　(d)　(e)

| 项目 5　机械常用标准件的画法 | 班级： | 姓名： | 学号： | 审核： | 2 |

5.2　找出下列螺纹的错误画法，并在空白处画出正确的图形。

1.

2.

3.

4.

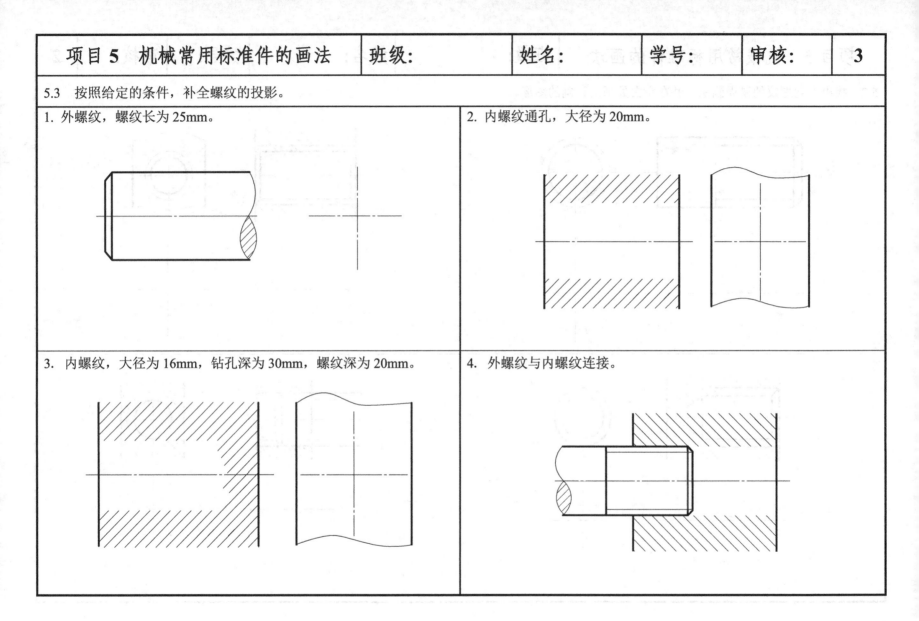

项目5 机械常用标准件的画法

5.4 根据给定的项目对螺纹进行标记。

1. 粗牙普通螺纹大径为20mm，右旋，中等旋合长度。

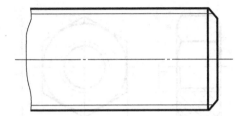

2. 细牙普通螺纹大径为20mm，螺距为1.5mm，左旋，中、顶径公差带代号为6g，中等旋合长度。

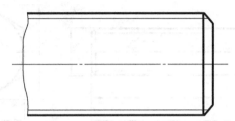

3. 细牙普通螺纹，大径为18mm，螺距为1.5mm，右旋，中、顶径公差带代号为6H，中等旋合长度。

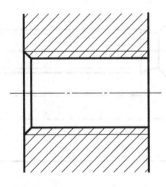

4. 55°非螺纹密封的圆柱管螺纹，尺寸代号为3/4，公差等级为A级。

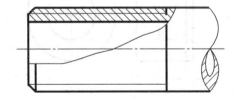

项目5 机械常用标准件的画法

5.5 查表标注下列各标准件的尺寸，并写出规定标记。

1. 六角头螺栓—C 级：M12，*l*=45mm。

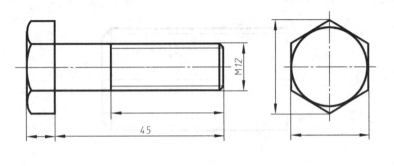

标记：_____

2. A 级的Ⅰ型六角螺母。

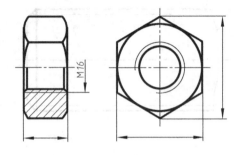

标记：_____

3. 平垫圈：公称直径 *d*=20mm。

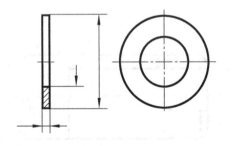

标记：_____

4. 开槽沉头螺钉：螺钉 GB/T 68—2000 M10，*l*=50mm。

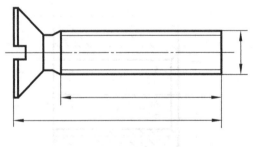

标记：_____

项目 5　机械常用标准件的画法　班级:　姓名:　学号:　审核:

5.5　查表标注下列各标准件的尺寸，并写出规定标记。

5. B 型螺柱，b_m=1.25d：M12，l=45mm。

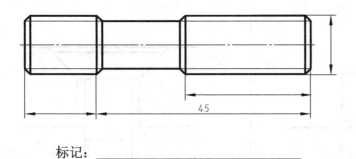

标记：_____

6. 螺钉 GB/T 67—2000 M10，l=35 mm。

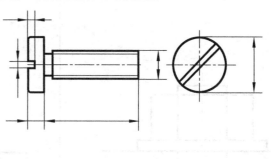

标记：_____

7. 圆柱销(公称直径为 8mm，长度为 40mm，公差为 h8)。

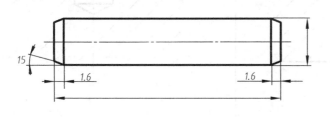

标记：_____

8. 销(A 型，公称直径为 8mm，长度为 40mm)。

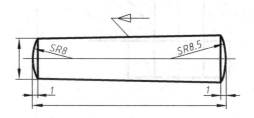

标记：_____

项目 5　机械常用标准件的画法　　班级：　　姓名：　　学号：　　审核：　　7

5.6　指出下面螺纹连接中的错误。

1.

2.

3.

项目 5 机械常用标准件的画法　　班级:　　姓名:　　学号:　　审核:　　8

5.7 补全螺栓连接三视图中所缺的图线。

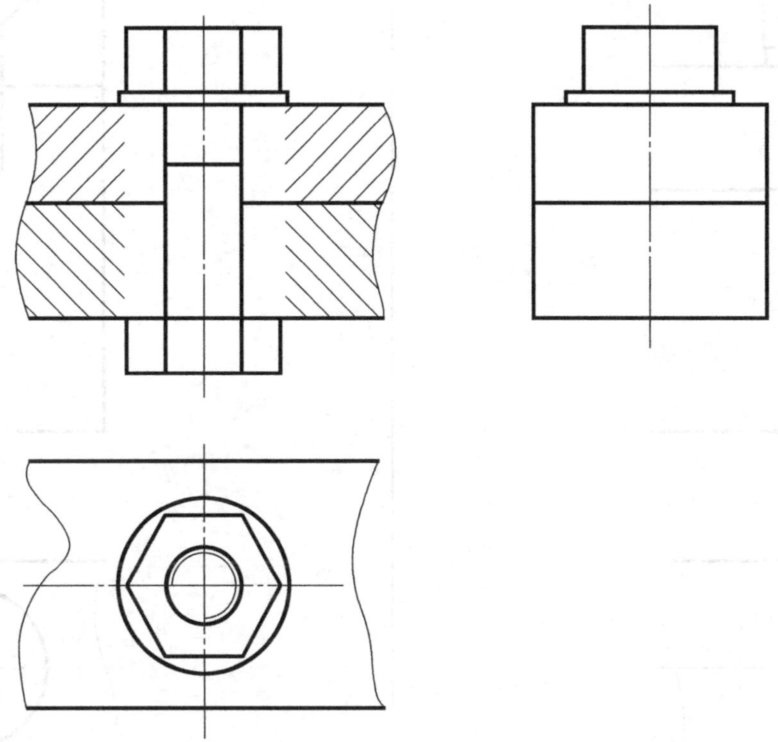

项目 5　机械常用标准件的画法　　班级：　　姓名：　　学号：　　审核：　　9

5.8　补全双头螺柱、螺钉连接视图中所缺的图线，孔深为 25mm，内螺纹深为 20mm。

1.

2.

项目 5　机械常用标准件的画法

5.9　尺规图训练。

螺栓(双头螺柱)连接

1. 训练目的

巩固螺纹连接件所学知识，掌握螺纹连接件的比例作图方法。

2. 训练内容

用比例画法作螺栓连接的三视图和双头螺柱连接的两视图(主、俯)。

(1) 已知螺栓 M20、螺母 M20、平垫圈 20，被连接件厚度 t_1=20mm，t_2=30mm。

(2) 已知双头螺柱 M16、螺母 M16、弹簧垫圈 16，被连接件厚度 t_1=20mm，材料为铸铁。

3. 训练要求

(1) 用 A3 或 A4 图纸，横放，比例 1∶1。
(2) 主视图画成全剖视图，其余画成视图形式。
(3) 根据给出的公称尺寸和被连接件的厚度与材料，计算确定螺栓、螺柱的规格尺寸。

4. 指导提示

(1) 螺栓、双头螺柱公称长度计算后查表取标准值。
(2) 对于标准件及实心件，剖切平面通过它们的轴线时，按不剖绘制。

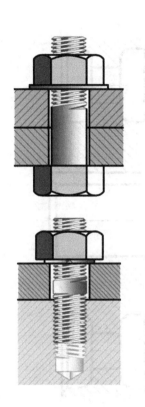

项目 5 机械常用标准件的画法　　班级：　　姓名：　　学号：　　审核：　11

5.10 已知直齿圆柱齿轮模数 $m=4$、齿数 $Z=27$，完成齿轮的两视图。

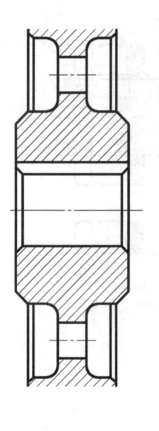
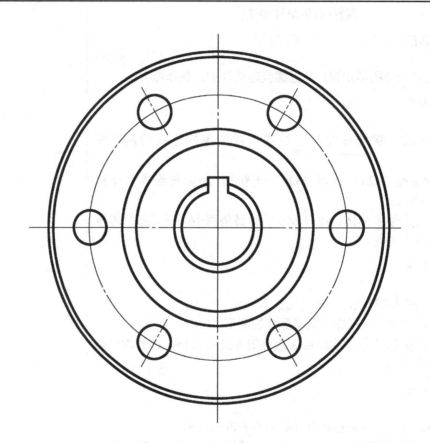

| 项目 5 机械常用标准件的画法 | 班级: | 姓名: | 学号: | 审核: | 12 |

5.11 已知一对直齿圆柱齿轮的齿数 Z_1=17，Z_2=37，中心距 a=54，试计算齿轮的几何尺寸，完成其啮合图。

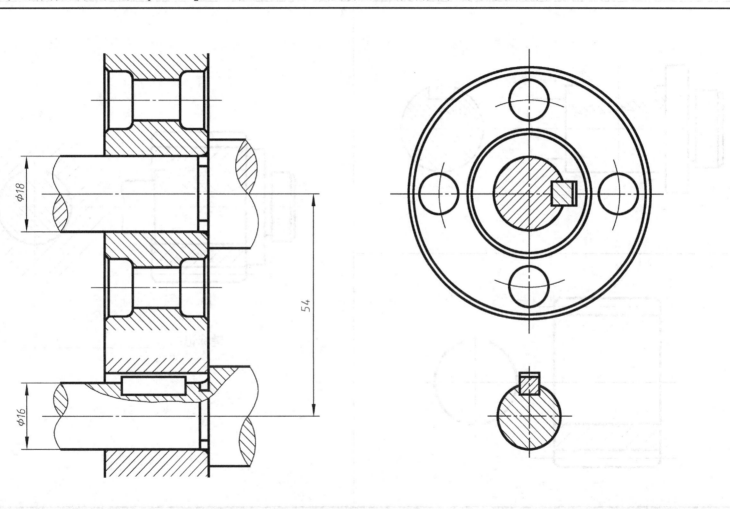

项目 5　机械常用标准件的画法　　班级：　　姓名：　　学号：　　审核：　　13

5.12　已知齿轮和轴用 A 型普通平键连接，轴、孔直径为 20mm，键长为 20mm，键宽为 6mm。要求写出键的规定标记，查表确定键槽的尺寸，画全下列各视图和断面图中所缺漏的图线，并标注轴、孔直径和键槽的尺寸。

1.

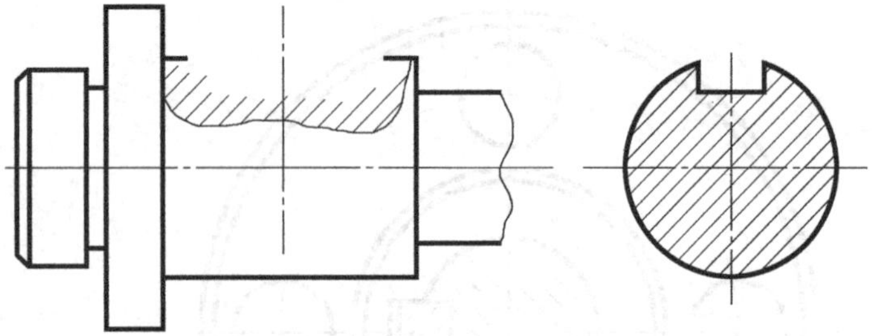

2.

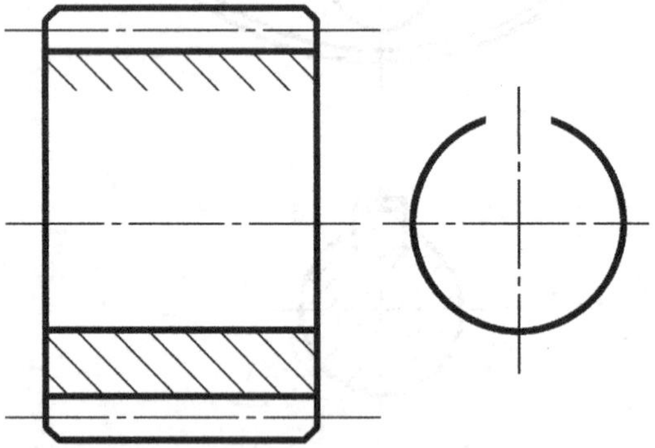

3.

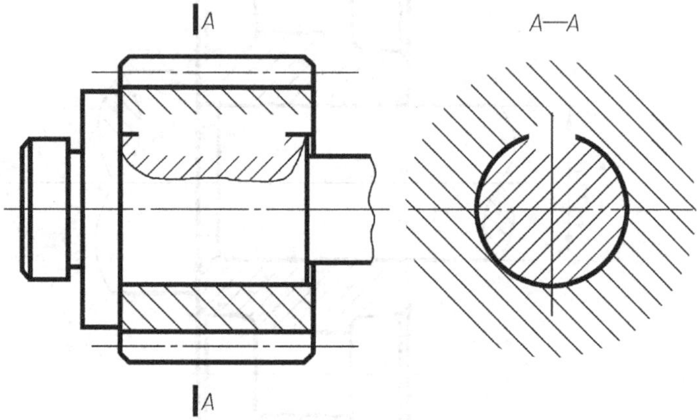

A—A

键标记：_____

项目 5　机械常用标准件的画法　　班级:　　姓名:　　学号:　　审核:　　14

5.13　根据给定的条件，按要求完成下列图形。

1. 已知螺钉 GB/T 71—2008 M12×20 固定轮子和轴，在图中轴线处画出螺钉连接装配图。

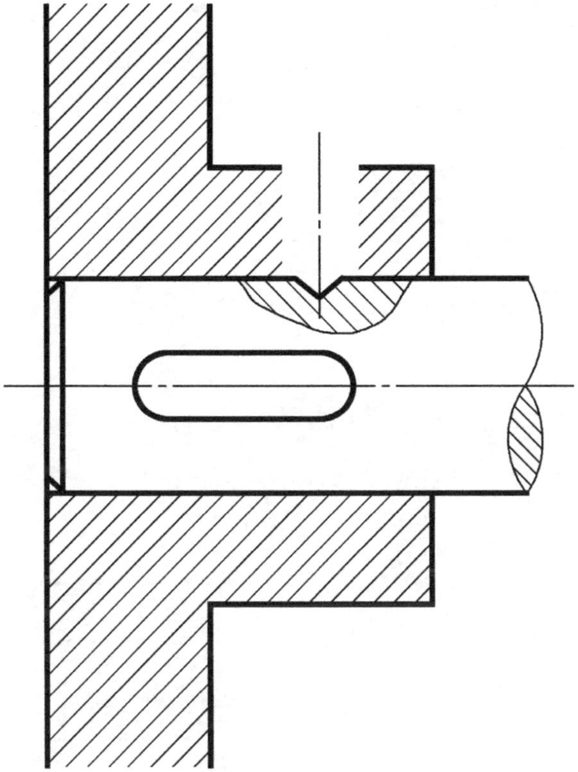

2. 完成圆柱销连接 GB/T 119.1—2000 8×28。

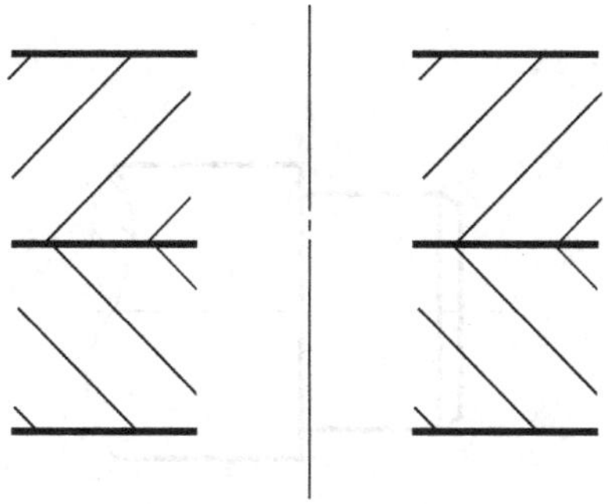

3. 完成圆锥销连接 GB/T 117—2000 6×35。

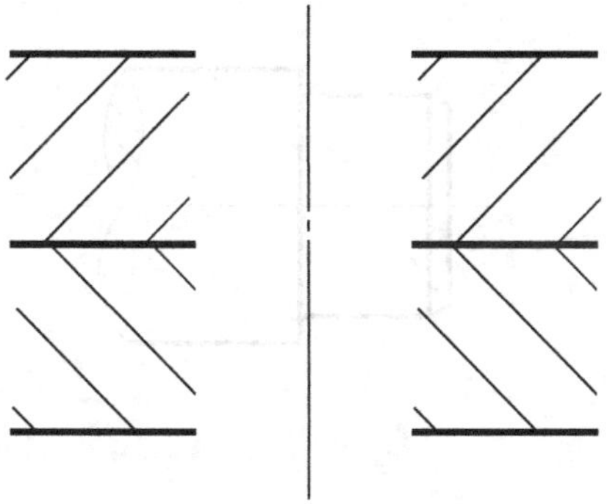

| 项目 5 机械常用标准件的画法 | 班级： 姓名： 学号： 审核： | 15 |

5.14 根据给定的条件，按要求完成下列图形。

1. 用规定画法画出 6304 轴承(右端面紧靠轴肩)。

2. 用规定画法画出 6404 轴承(右端面紧靠轴肩)。

3. 已知圆柱螺旋压缩弹簧簧丝直径 d=5mm，弹簧中径 D_2=40mm，节距 t=10mm，弹簧自由高度 H=76mm，支承圈数 n_0=2.5，右旋。试画出弹簧的全剖视图，比例 1∶1。

| 项目 6　画球阀阀体零件图 | 班级： | 姓名： | 学号： | 审核： | 1 |

6.1　根据轴测图(均为通孔)，选择合理的表达方案，用合适的比例画出零件草图，不标注尺寸。

| 项目 6　画球阀阀体零件图 | 班级： | 姓名： | 学号： | 审核： | 2 |

6.2　参照轴测图(或轴测剖视图)和已选定的一个基本视图，确定一个表达方案，将零件充分表达清楚(按比例 1∶1)，并标注尺寸。

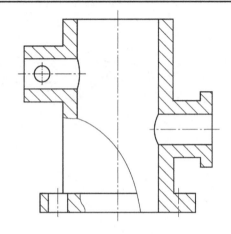

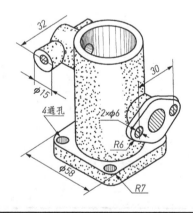

项目 6 画球阀阀体零件图　　班级：　　姓名：　　学号：　　审核：　　3

6.2 参照轴测图(或轴测剖视图)和已选定的一个基本视图，确定一个表达方案，将零件充分表达清楚(按比例 1∶1)，并标注尺寸。

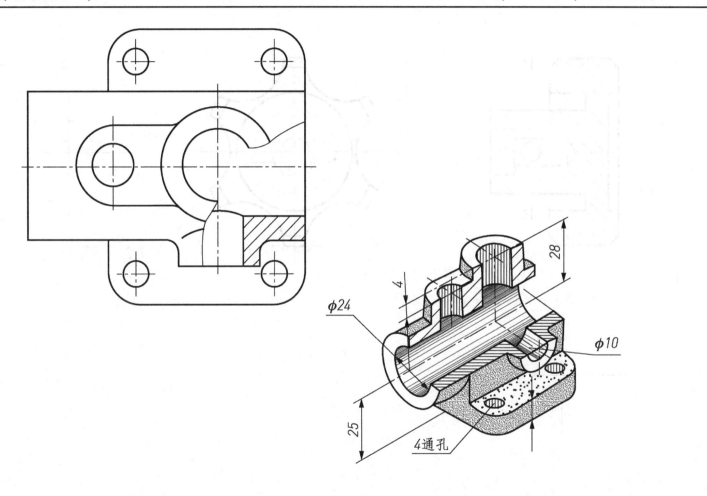

| 项目 6　画球阀阀体零件图 | 班级： | 姓名： | 学号： | 审核： | 4 |

6.3　读扳手零件图，画出 A—A 断面图及 K 向视图，并标注尺寸(尺寸数值从图中量取整数)。

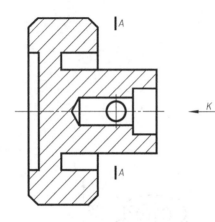
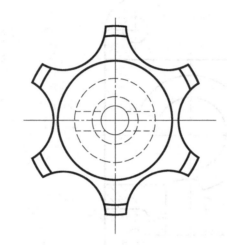

| 项目6 画球阀阀体零件图 | 班级： | 姓名： | 学号： | 审核： | 5 |

6.4 选择尺寸基准，标注零件的尺寸，尺寸数字按1∶1的比例从图中量取整数。

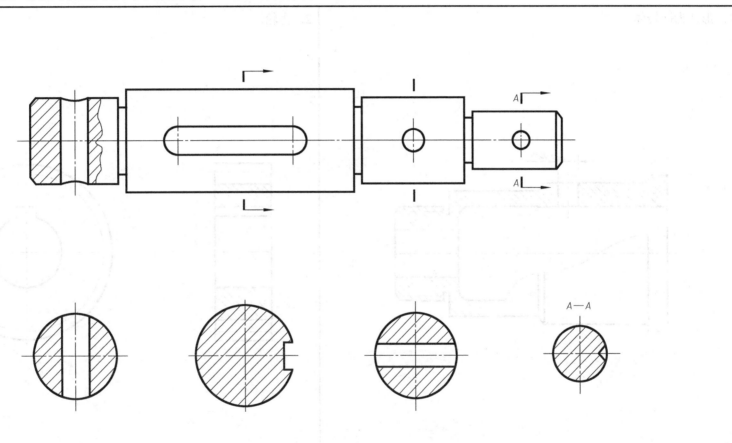

项目 6　画球阀阀体零件图　　班级：　　姓名：　　学号：　　审核：　　6

6.4　选择尺寸基准，标注零件的尺寸，尺寸数字按 1∶1 的比例从图中量取整数。

1．形体为回转体。

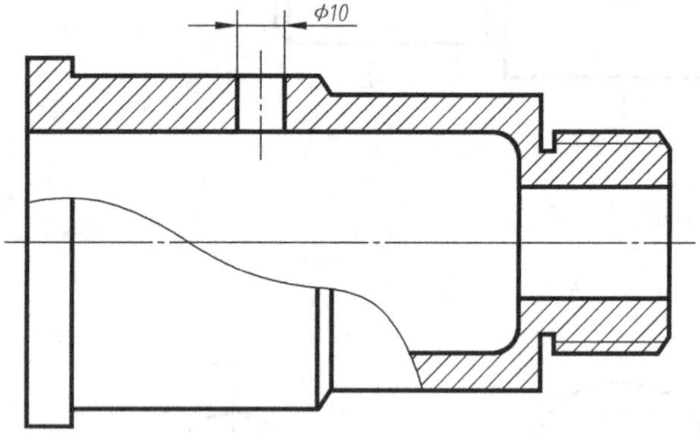

2．齿轮。

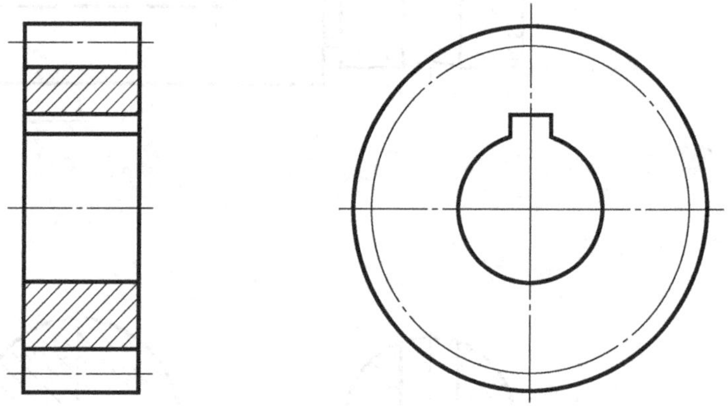

项目6 画球阀阀体零件图

6.5 按照给定条件，选择正确答案。

1. 看懂退刀槽的尺寸，标注正确的是(　　)。

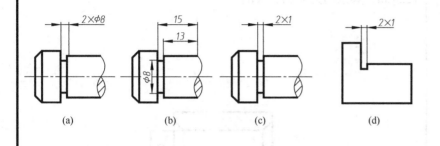

2. 看懂铸件的一个视图，图中尺寸标注不合理的是(　　)。

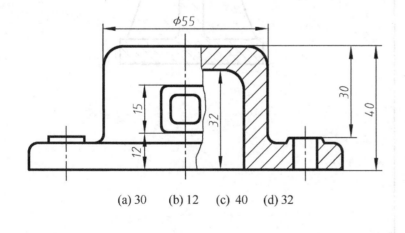

(a) 30　　(b) 12　　(c) 40　　(d) 32

3. 看懂下列图形的结构，不合理的结构是(　　)。

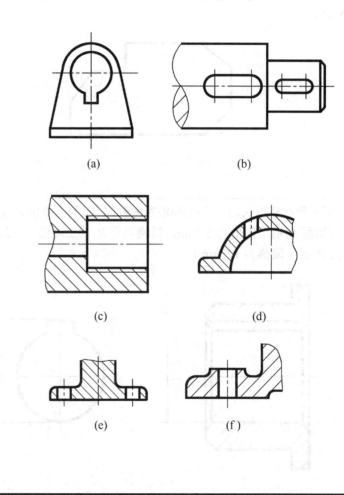

项目 6 画球阀阀体零件图 班级： 姓名： 学号： 审核： 8

6.6 表面粗糙度标注训练。

1．在下图的各个表面，用去除材料方法加工，R_a 的上限值均为 1.6μm。

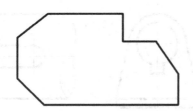

2．用去除材料方法加工，孔 ϕ30H7 内表面 R_a 的上限值为 1.6μm；键槽两侧面 R_a 的上限值为 3.2μm；键槽顶面 R_a 的上限值为 6.3μm；其余表面 R_a 的上限值为 12.5μm。

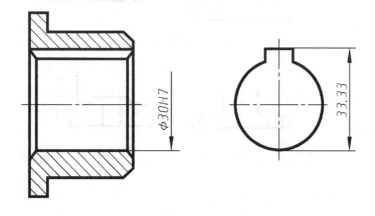

3．用去除材料方法加工，ϕ15mm 孔两端面 R_a 的上限值为 6.3μm；ϕ15mm 孔内表面 R_a 的上限值为 3.2μm；底面 R_a 的上限值为 12.5μm；其余均为非加工表面。

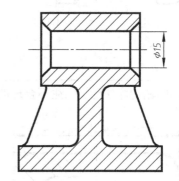

项目6 画球阀阀体零件图

6.7 公差与配合训练。

1. 根据下图，填写右边表格。

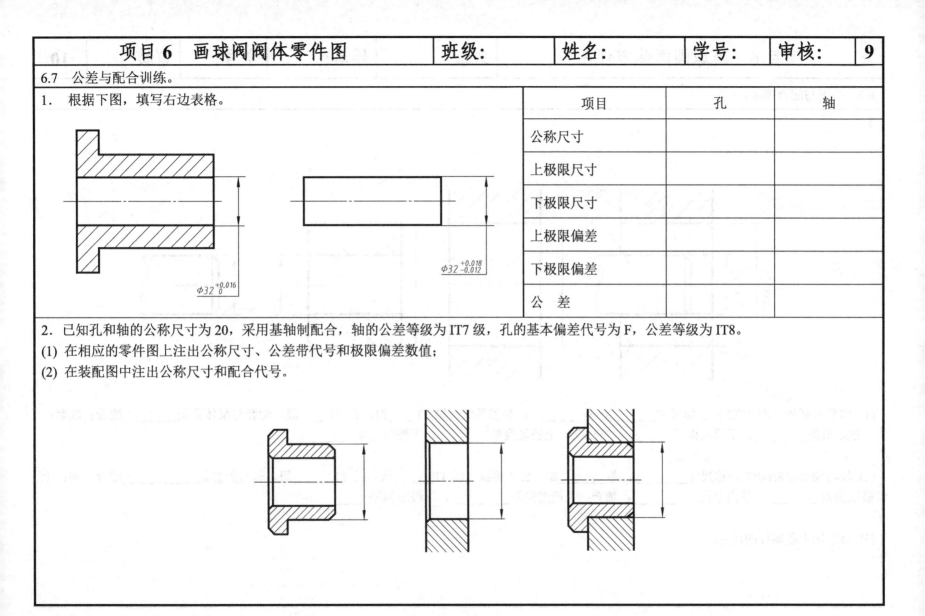

项目	孔	轴
公称尺寸		
上极限尺寸		
下极限尺寸		
上极限偏差		
下极限偏差		
公 差		

2. 已知孔和轴的公称尺寸为20，采用基轴制配合，轴的公差等级为IT7级，孔的基本偏差代号为F，公差等级为IT8。
(1) 在相应的零件图上注出公称尺寸、公差带代号和极限偏差数值；
(2) 在装配图中注出公称尺寸和配合代号。

项目 6　画球阀阀体零件图

6.7　公差与配合训练。

3.

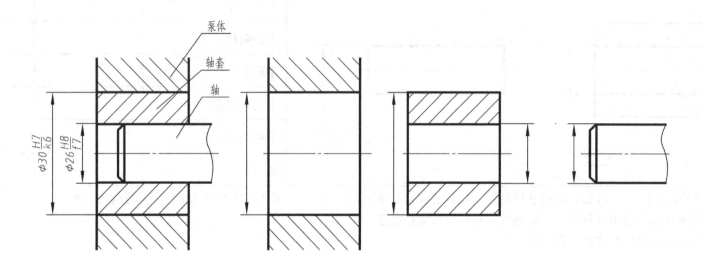

(1) 轴套与泵体孔 ϕ30H7/k6 公称尺寸_____，基_____制；公差等级：轴 IT____级，孔 IT____级，轴套与泵体孔是_____配合；轴套：上极限偏差_____，下极限偏差_____；泵体孔：上极限偏差_____，下极限偏差_____。

(2) 轴与轴套 ϕ26H8/f7 公称尺寸_____，基_____制；公差等级：轴 IT____级，孔 IT____级，轴与轴套是_____配合；轴：上极限偏差_____，下极限偏差_____；轴套：上极限偏差_____，下极限偏差_____。

(3) 标注图中各零件的尺寸。

项目6 画球阀阀体零件图　　班级：　　姓名：　　学号：　　审核：　11

6.7 公差与配合训练。

4. 根据装配图中所标注的配合代号，说明其配合的基准制、配合种类，并分别在相应的零件图上注写其公称尺寸和公差带代号。

$\phi 15H7/f6$　基准制：_____，　配合种类：_____；
$\phi 25N7/h6$　基准制：_____，　配合种类：_____。

5. 根据装配图中所标注的配合代号，说明其配合的基准制、配合种类，并分别在相应的零件图上注写其公称尺寸和公差带代号。

$\phi 10G7/h6$　基准制：_____，　配合种类：_____；
$\phi 10N7/h6$　基准制：_____，　配合种类：_____。

项目 6　画球阀阀体零件图　　班级：　　姓名：　　学号：　　审核：　12

6.7　公差与配合训练。

6. 根据装配图中的配合代号，标注轴和孔的公称尺寸及上、下极限偏差值，并填空。

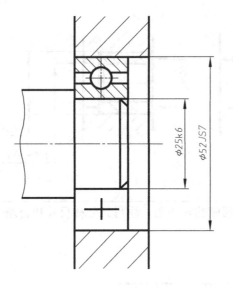
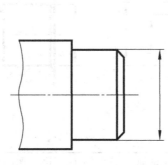
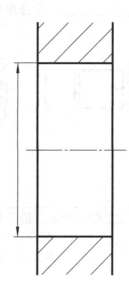

滚动轴承与座孔的配合为＿＿＿＿＿＿制，座孔的基本偏差代号为＿＿＿＿＿。

滚动轴承与座轴的配合为＿＿＿＿＿＿制，轴的基本偏差代号为＿＿＿＿＿。

项目 6　画球阀阀体零件图

6.8　几何公差训练。

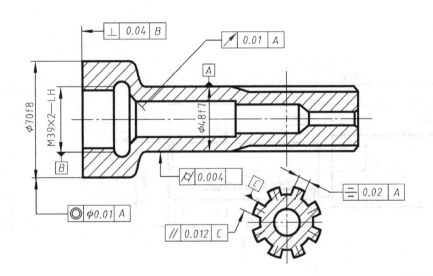

解释下列标注的含义：

1. ⊥ | 0.04 | B _____
2. ⌰ | 0.01 | A _____
3. ◎ | 0.01 | A _____
4. ⌖ | 0.004 _____
5. ∥ | 0.012 | C _____
6. ≡ | 0.02 | A _____
7. A ▲ _____
8. B ▲ _____

项目 6　画球阀阀体零件图

6.9 读零件图，回答问题。

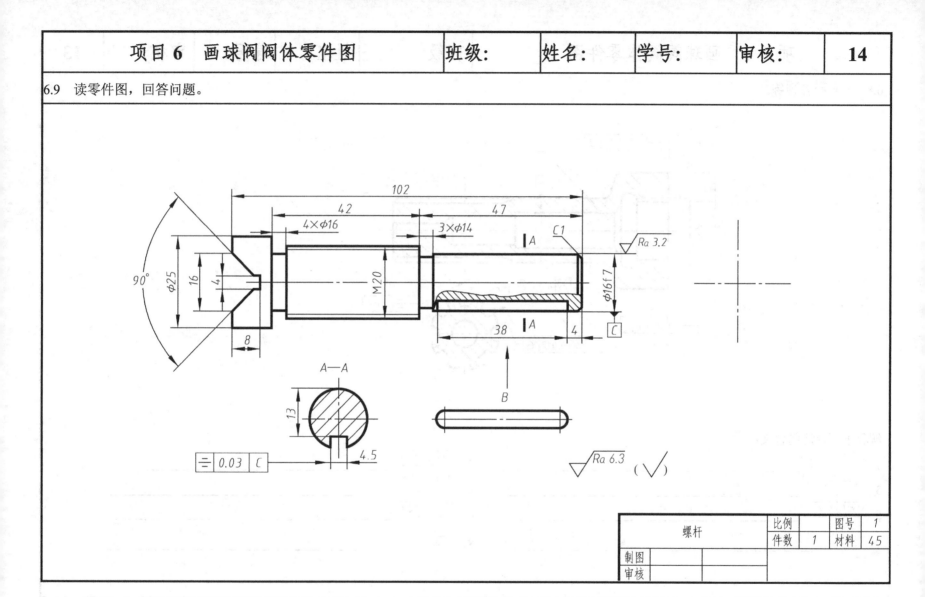

项目6 画球阀阀体零件图

6.9 读零件图，回答问题。

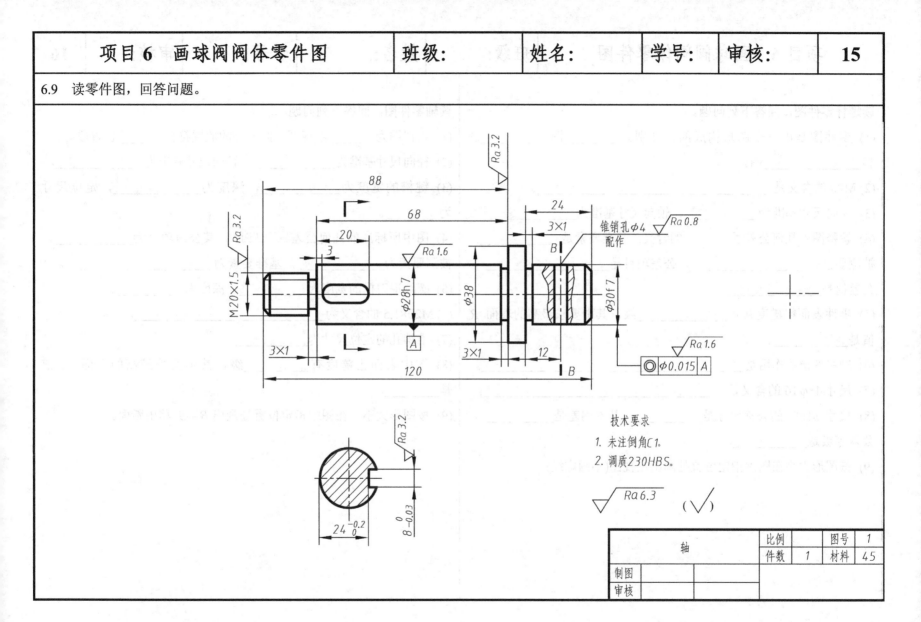

| 项目6 画球阀阀体零件图 | 班级： | 姓名： | 学号： | 审核： | 16 |

读螺杆零件图，回答下列问题。

(1) 零件图是由三个图形构成的，分别为_____图、_____图和_____图。

(2) M20 的含义是_____。

(3) 径向尺寸基准为_____，轴向尺寸基准为_____。

(4) 解释图中几何公差 =|0.03|C 的含义：基准要素是_____，被测要素是_____，公差项目是_____，公差值是_____。

(5) 零件表面粗糙度共有_____级，其中要求最高的表面 R_a 值是_____。

(6) 轴左端槽的作用是_____。

(7) 尺寸 4×φ16 的含义是_____。

(8) 尺寸 φ16f7 的公称尺寸是_____，基本偏差是_____，公差等级是_____。

(9) 按图形大小在图中指定位置处画出左视图(不画虚线)。

读轴零件图，回答下列问题。

(1) 主视图为_____剖视图，此零件的放置符合_____位置原则。

(2) 径向尺寸基准为_____，轴向尺寸基准为_____。

(3) 键槽的宽度为_____，深度为_____，定位尺寸为_____。

(4) 图中所标注的几何公差 ◎|φ0.015|A，其公差项目为_____，被测要素为_____，基准要素为_____。

(5) 螺纹退刀槽的宽度为_____，深度为_____。

(6) M20×1.5 的含义为_____。

(7) 锥销孔的定位尺寸为_____。

(8) 图中表面粗糙度有_____级，其中要求最高的表面 R_a 值是_____。

(9) 按图形大小，在图中指定位置处画出 B—B 移出断面。

项目6 画球阀阀体零件图　　班级：　　姓名：　　学号：　　审核：　　17

6.9 读零件图，回答问题。

轮盘　比例 1:1　数量 1
材料 HT200
制图
审核

项目6 画球阀阀体零件图

6.9 读零件图,回答问题。

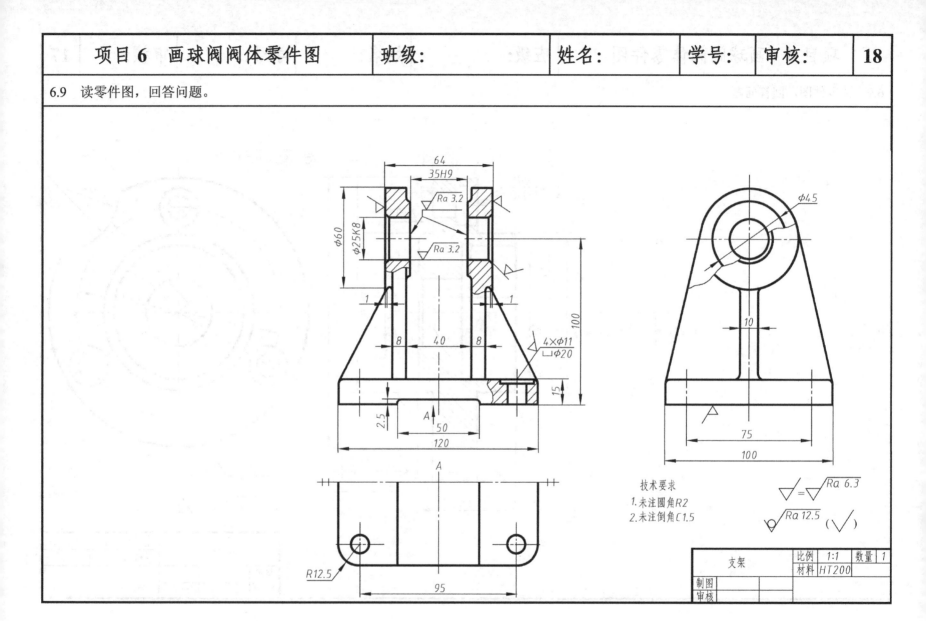

项目 6　画球阀阀体零件图　　班级:　　　姓名:　　　学号:　　审核:　　19

读轮盘零件图,回答下列问题。

(1) 此零件属于_____类零件,材料为_____,主视图为_____剖。

(2) 4×φ62 尺寸的含义是_____。

2×0.5 尺寸的含义是_____。

(3) $\frac{3×\phi11}{\sqcup\phi18\downarrow10}$ 的含义是_____,其定位尺寸为_____。

(4) φ70k6 所表示的公称尺寸为_____,基本偏差代号为_____,公差等级为_____,上极限偏差为_____,下极限偏差为_____,上极限尺寸为_____,下极限尺寸为_____。

(5) C2 的含义是_____。

(6) 在图中指定位置处画出右视(外形)图。

读支架零件图,回答下列问题。

(1) 此零件属于_____类零件,材料为_____,主视图为_____剖,A 向视图采用的是_____画法。

(2) 左视图中波浪线的作用是_____,零件中共有_____块肋板,厚度分别为_____、_____。

(3) $\frac{4×\phi11}{\sqcup\phi20}$ 的含义是_____,其定位尺寸分别为_____、_____。

(4) φ25k8 所表示的轴公称尺寸为_____,公差等级为_____,上极限偏差为_____,下极限偏差为_____,上极限尺寸为_____,下极限尺寸为_____。

(5) $\sqrt{Ra\,3.2}$ 的含义是_____。

(6) 75 为_____尺寸,确定_____的位置。

(7) 指出零件长、宽、高度方向的基准。

| 项目6 画球阀阀体零件图 | 班级： | 姓名： | 学号： | 审核： | 20 |

6.9 读零件图，回答问题。

技术要求
未注圆角R2-R4。

	弯臂		比例		图号	1
			件数	1	材料	HT250
制图						
审核						

项目 6　画球阀阀体零件图　　班级：　　姓名：　　学号：　　审核：

6.9　读零件图，回答问题。

底座　比例　图号 1
件数 1　材料 HT250
制图
审核

技术要求
未注圆角 R2

| 项目6　画球阀阀体零件图 | 班级： | 姓名： | 学号： | 审核： | 22 |

读弯臂零件图，回答下列问题。

(1) 此零件属于_____类零件，材料为_____，共用四个视图表达，主视图为_____剖，左视图为_____剖，另外两个视图分别为_____视图和_____视图；这两个图形表达的结构分别是_____的形状和_____的形状。

(2) 25是_____尺寸，120是_____尺寸，孔$\phi 20_0^{+0.21}$的定位尺寸是_____、_____。

(3) 该零件上共有_____处螺纹，螺纹定形尺寸为_____，定位尺寸为_____。

(4) ∀（√）的含义是_____。

(5) 键槽的长、宽、高尺寸分别为_____、_____、_____。

(6) 在指定位置处画出 C—C 的断面图。

读底座零件图，回答下列问题。

(1) 此零件属于_____类零件，材料为_____，共用三个视图表达，主视图为_____剖，左视图为_____剖，俯视图为外形图。

(2) C2的含义是_____。

(3) 在图中指出高度方向的尺寸基准(用箭头线指出，引出标注)。

(4) $\phi16H8$所表示的孔为_____孔，公称尺寸为_____，基本偏差代号为_____，公差等级为_____，上极限偏差为_____，下极限偏差为_____，上极限尺寸为_____，下极限尺寸为_____。

(5) M6的含义是_____，其定位尺寸为_____。

(6) 在指定位置处画出主视图的外形图(不画虚线)。

项目 6　画球阀阀体零件图

6.9　读零件图，回答问题。

技术要求
1. 锥孔要与锥形塞配研。
2. 铸造圆角 R2-R3。

旋阀阀体　比例 1:2　图号 1　件数 1　材料 HT150

项目 6　画球阀阀体零件图

6.9　读零件图，回答问题。

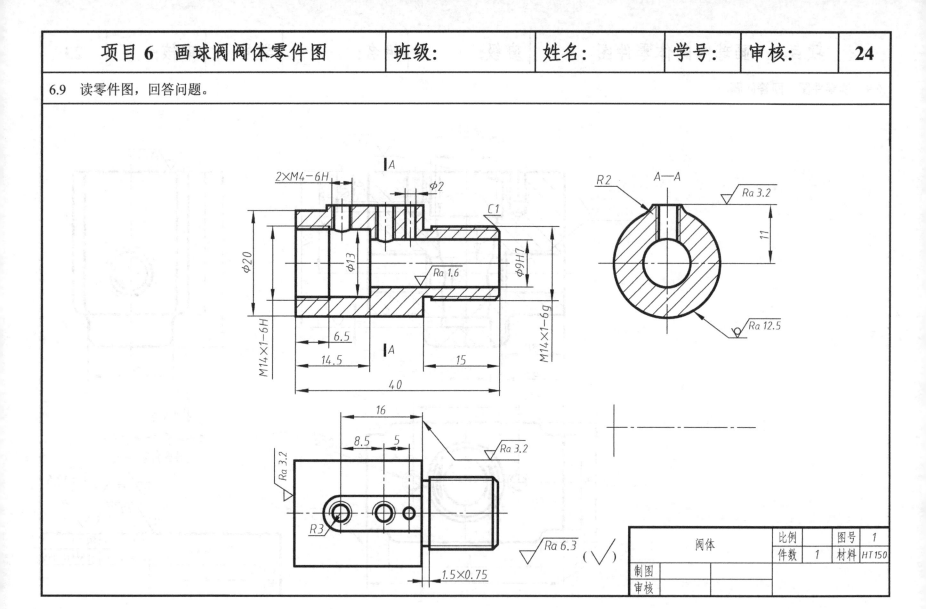

| 项目6 画球阀阀体零件图 | 班级： | 姓名： | 学号： | 审核： | 25 |

读旋阀阀体零件图回答下列问题。

(1) 主视图采用全剖视图，剖切位置在_____，主视图中内部圆弧表示的是_____与_____相____后的投影，俯视图中的圆弧表示的是_____的_____投影。

(2) 图中共有_____处螺纹，尺寸分别是_____、_____，螺纹深度分别是_____、_____。

(3) 零件表面粗糙度共有_____级，其中要求最高的表面 R_a 值是_____。

(4) G1/2"所表示的螺纹是_____，1/2 是_____尺寸。

(5) ◁ 1:5 的含义是_____。

(6) 54 为_____的_____尺寸。

(7) √Ra 2.5 (√) 的含义是_____。

读阀体零件图回答下列问题。

(1) 此零件属于_____类零件，材料为_____，共用三个视图表达，主视图为_____剖视图，俯视图为外形图，A—A 剖切符号标注省略投影方向是因为 _____，A—A 是_____图。

(2) 2×M4-6H 是_____螺纹，其定位尺寸为_____，M14×1-6H 是_____螺纹，螺纹深度是_____，M14×1-6g 是_____螺纹，螺纹长度是_____。

(3) R_a 3.2 的含义是_____。零件表面粗糙度共有_____级，其中要求最高的表面 R_a 值是_____。

(4) 退刀槽 15×0.75 的含义是_____。

(5) ϕ2 孔与 ϕ9H7 相交，简化了_____的画法。

(6) 在指定位置处画出主视图的外形图(不画虚线)。

| 项目 6　画球阀阀体零件图 | 班级： | 姓名： | 学号： | 审核： | 26 |

6.10　尺规图训练。

零 件 图

1. 训练目的

(1) 学会运用恰当的表达方法完整、清晰地表示零件的内外结构形状。

(2) 参考轴测图中的尺寸，学会在正确、完整、清晰的基础上合理地标注尺寸。

(3) 进一步理解技术要求的内容，掌握表面粗糙度及尺寸公差的确定和标注方法。

2. 训练内容与要求

图名：轴或端盖。

内容：根据零件的轴测图绘制零件图，并标注尺寸。

3. 指导提示

(1) 用 A4 图幅绘制，比例 1∶1。

(2) 在确定主视图的同时，要考虑选择几个基本视图(表达主体结构的形状)和选择什么辅助视图(表达局部形状)。

(3) 合理选用剖视图和断面图，一个视图要尽可能表达较多结构，但应避免在同一视图上过多地采用局部视图，以免影响主体形状。

(4) 选用的一组图形，应便于标注尺寸，或者通过标注一个至几个尺寸，使视图简化或减少视图数量。

(5) 注意标准结构的标注及查表方法。

项目 6　画球阀阀体零件图　班级：　姓名：　学号：　审核：　27

6.11　轴轴测图。

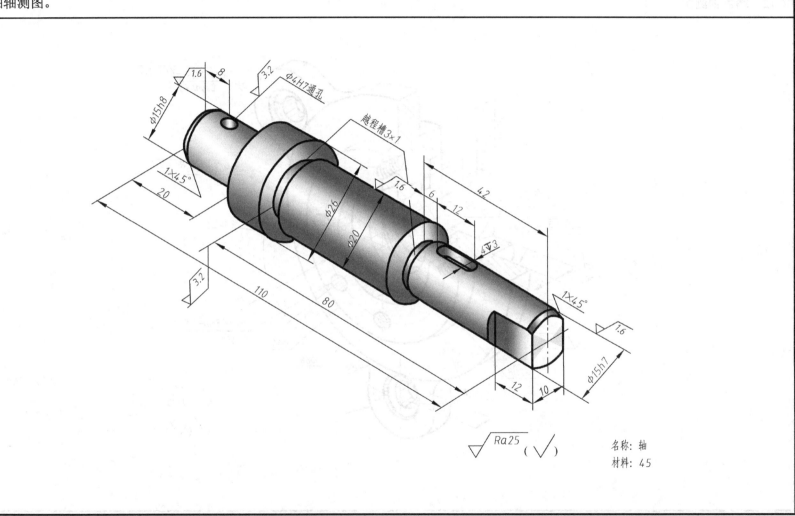

项目 6　画球阀阀体零件图

6.12　端盖轴测图。

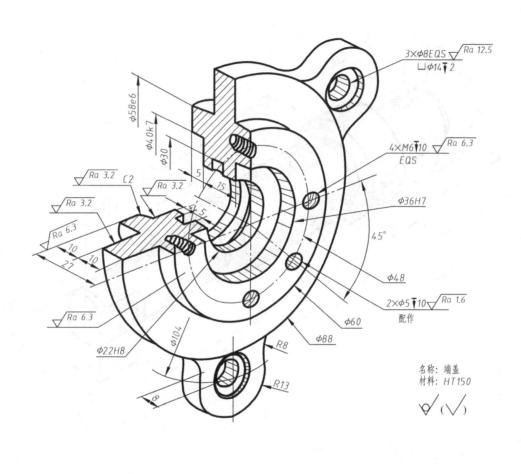

项目 7　画球阀装配图

7.1 根据给定的零件图，拼画可调支承的装配图。

可调支承的工作原理及装配示意图

螺钉右端的圆柱部分插入到螺杆的长槽内，使得螺杆只能沿轴向移动而不能转动。在螺母、螺杆和被支承物体的重力作用下，螺母的底面与底座的顶面保持接触。顺时针转动螺母时，螺杆向上移动；反之，螺杆向下移动，通过旋转螺母即可调整该部分的支承高度。

螺杆、底座的零件图分别见项目 6 P132、P139，其余见本页右侧图。

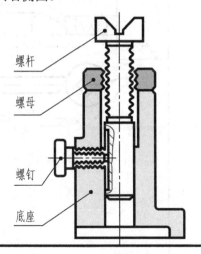

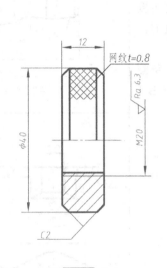

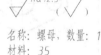

名称：螺母，数量：1
材料：35

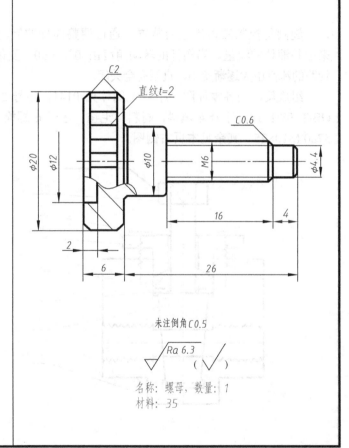

未注倒角C0.5

名称：螺母，数量：1
材料：35

项目7　画球阀装配图

7.2 根据给定的零件图，拼画旋阀装配图。

旋阀的工作原理及装配示意图

旋阀是控制液体流量的装置，通过调整阀杆的旋转角度来控制液体的流量。当阀杆的转动角度由 0°～90° 变化时，管路的流量由大逐渐变小，直至完全关闭。

组成旋阀的各零件图：序号 1 阀体见 P141，序号 3 垫圈 GB/T 97.1 18，序号 4 填料，材料：毛毡，序号 6 螺栓 GB/T 5780 M10×25，其余见本页右侧图。

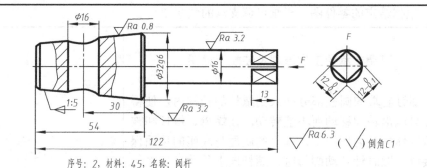

序号：2，材料：45，名称：阀杆

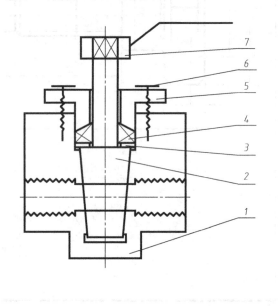

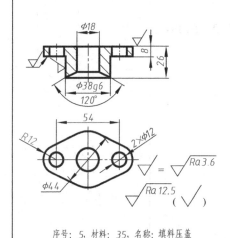

序号：5，材料：35，名称：填料压盖

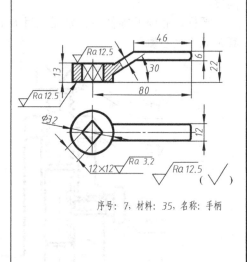

序号：7，材料：35，名称：手柄

| 项目 7 画球阀装配图 | 班级: | 姓名: | 学号: | 审核: | 3 |

7.3 读定滑轮装配图，并回答问题。

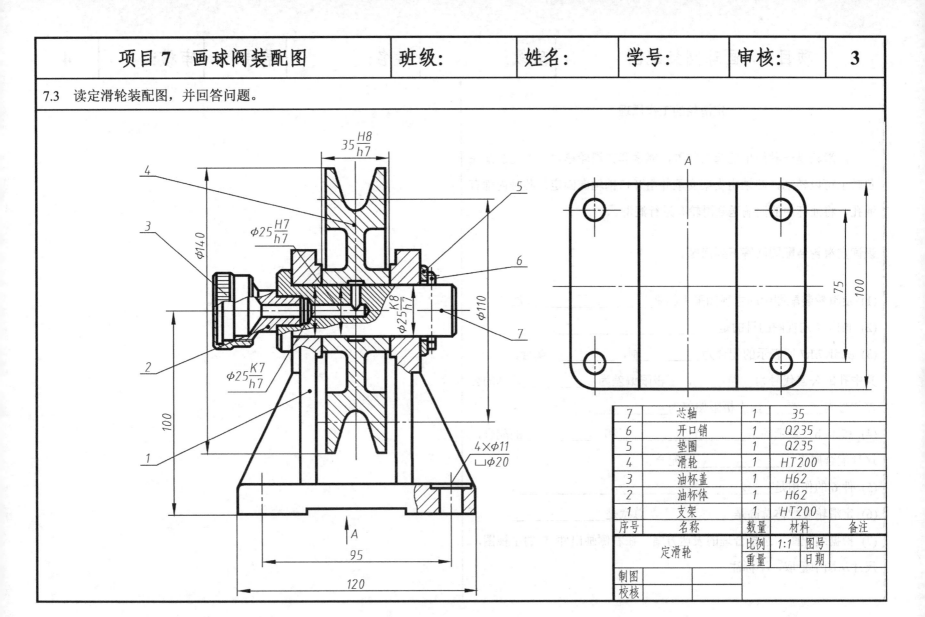

| 项目7　画球阀装配图 | 班级： | 姓名： | 学号： | 审核： | 4 |

定滑轮的工作原理

　　定滑轮是一种简单的起吊装置，绳索套在滑轮槽内，滑轮装配在芯轴上可以转动，芯轴由支架支承并由开口销轴向固定，芯轴内部有油孔，将油杯中的油输送到滑轮孔进行润滑。

识读定滑轮装配图回答下列问题。

(1) 定滑轮装配图中的主视图采用的是_____画法。

(2) 画出 A 向视图的目的是 _____。

(3) $\varphi 25K7/h7$ 所表示的配合为_____制，_____ 配合，其中孔的公差代号为_____，下极限偏差为_____，轴的公差代号为_____，上极限偏差为_____。

(4) 35H8/h7 表示的是_____和_____的配合，这种配合属于_____配合。

(5) 件 6 的作用是_____。

(6) 定滑轮装配体总高是_____，总宽是_____。

(7) 根据装配图，选择合理的表达方案，在右侧画出件 1 的主视图，尺寸从图中量取，不标注。

项目 7　画球阀装配图　　班级：　　姓名：　　学号：　　审核：　　5

7.4　读行程开关装配图并回答问题。

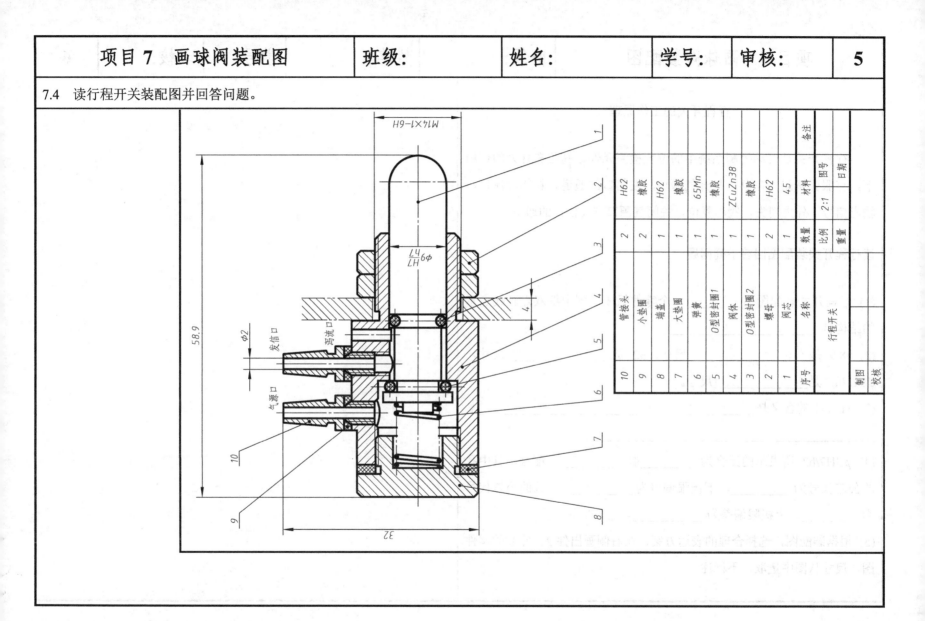

| 项目 7　画球阀装配图 | 班级： | 姓名： | 学号： | 审核： | 6 |

行程开关的工作原理

行程开关是气动控制系统中的位置检测元件，阀芯在外力的作用下，克服弹簧阻力左移，打开气源口与发信口的通道，封闭泻流口，输出信号，外力消失，阀芯复位，关闭气源口与发信口的通道。

读行程开关装配图回答下列问题。

(1) 行程开关装配图由_____个零件组成，图中细双点画线表示的结构是_____。

(2) 58.9 是_____尺寸，32 是_____尺寸，$\phi 9H7/h7$ 是_____尺寸。

(3) M14×1 的含义是_____
_____。

(4) $\phi 9H7/h7$ 所表示的配合为_____制，_____配合，其中孔的公差代号为_____，下极限偏差为_____，轴的公差代号为_____，上极限偏差为_____。

(5) 根据装配图，选择合理的表达方案，在右侧画出件 2、件 8 的零件图，尺寸从图中量取，不标注。

项目 7　画球阀装配图

7.5　读折角阀装配图并回答问题。

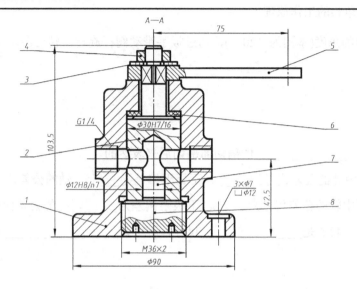

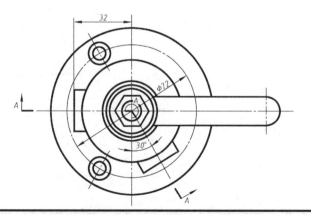

8	螺塞	1	Q235	
7	堵头	1	H62	
6	密封圈	1	橡胶	
5	扳手	1	HT200	
4	螺母	1	Q235	
3	垫圈	1	35	
2	阀杆	1	Q235	
1	阀体	1	HT200	
序号	名称	数量	材料	备注
折角阀		比例	1:1	
		重量		
制图				
校核				

| 项目 7 画球阀装配图 | 班级: | 姓名: | 学号: | 审核: | 8 |

折角阀的工作原理

折角阀是控制流体流量的装置,它的特点是进出管道为特定的角度(本图为 120°),通过扳手带动阀杆旋转,转至图示位置时流量最大,继续旋转时流量减少直至关闭管路。

读折角阀装配图回答下列问题。

(1) 折角阀由_____个零件组成,主视图采用的是由_____个、_____的剖切面剖切后来表达的。

(2) $\phi 30H7/f6$ 所表示的配合为_____制,_____配合,其中孔的公差代号为____,下极限偏差为____,轴的公差代号为____。

(3) $\phi 12H8/n7$ 所表示的配合为_____制,_____配合,其中轴的公差代号为____,下极限偏差为____,孔的公差代号为____。

(4) G1/4 是_____尺寸,103.5 是_____尺寸,42.5 是_____尺寸,$\phi 72$ 是_____尺寸,$\phi 90$ 是_____尺寸。

(5) 件 2 上两个小孔的作用是_____。

(6) 拆画出件 2 的零件图,尺寸从图中量取,不标注。

项目7 画球阀装配图

7.6 读推杆阀装配图并回答问题。

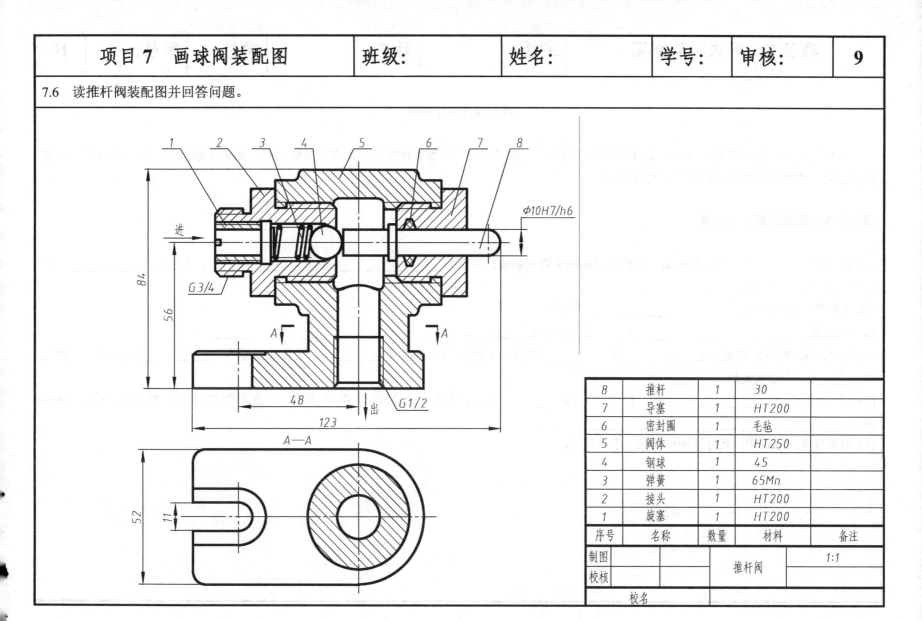

| 项目 7　画球阀装配图 | 班级： | 姓名： | 学号： | 审核： | 10 |

推杆阀的工作原理

推杆阀安装在低压管路系统中，用以控制管路的"通"或"不通"，当推杆受外力作用向左移动时，钢球压缩弹簧，阀门被打开，当去掉外力时，钢球在弹簧力的作用下，将阀门关闭。

读推杆阀装配图回答下列问题。

(1) 推杆阀由＿＿＿＿个零件组成，其装配图由两个视图组成，分别为＿＿＿＿＿和＿＿＿＿＿，其中＿＿＿＿＿反映了推杆阀的工作原理。

(2) 主视图中圆弧表示＿＿＿＿＿＿＿＿的投影。

(3) G1/2 是＿＿＿＿＿＿＿尺寸，它的含义是＿＿＿＿＿＿＿＿＿＿＿＿＿＿＿。

(4) ϕ10H7/h6 所表示的配合为＿＿＿＿制，＿＿＿＿配合，其中孔的公差代号为＿＿＿＿，下极限偏差为＿＿＿＿＿，轴的公差代号为＿＿＿＿，上极限偏差为＿＿＿＿。

(5) 件 5 属于＿＿＿＿类零件，件 2、7 属于＿＿＿＿类零件。剖视图中件 4 和件 8 按不剖切处理，仅画出外形，原因是＿＿＿＿＿＿＿＿＿＿＿＿＿＿＿＿＿＿＿＿。

(6) 拆画件 5 的零件图，尺寸从图中量取，不标尺寸。